전문성을 UP 시키는

뷰티 토탈 고객 서비스

김효림 유현아 이형숙 임선희 황혜원 공저

Beauty Total Customer Service

양성원

Foreword

미용 산업 현장에서 제일 먼저 이뤄지는 서비스가 고객 서비스임을 모든 미용인은 인지하고 있습니다. 미용 산업이 발전함에 따라 고객서비스도 같이 발전하였으며 현재 산업체에서도 활발한 교육이 이뤄지고 있습니다.

이러한 산업체와의 상생 발전을 위해 교육현장에서 고객 서비스 교육이 조금 더 전문적으로 진행되어야 하며 이는 고객 서비스 정신이 취업을 통해 갑자기 생기는 것이 아니라 학교에서부터 꾸준하게 갈고 닦아 몸에 익힘으로 인해 실체화되기 때문입니다.

현대 사회에서 서비스의 의미는 다양한 의미를 내포하고 있으며 각종 서비스 직종의 서비스 관련 교재 또한 다양한 형태로 출판되고 있습니다. 그러나 미용인을 위한 실무적인 고객서비스 교재의 다양성은 만족스럽다고 할 수 없습니다.

이 책은 미용 산업현장에서 진행되고 있는 고객서비스의 실무 전반에 대한 입문서로 산업체 진출 후 적응력을 높일 수 있는 프로그램으로 구성되어 있습니다. 또한 각 장마다 셀프체크리스트를 마련하여 학습내용에 대한 자기평가가 이뤄지며 이를 통하여 고객서비스의 숙련도를 높일 수 있습니다.

제1장에서는 고객서비스의 이해 및 인성과 이미지, 커뮤니케이션, 고객응대와 전화응대 관련 내용으로 구성하여 고객서비스에 처음 입문하는 학생들이 쉽게 이해할 수 있으며 서비스의 기본에 대해 알 수 있습니다. 제2장에서는 고객 맞이하기, 각 미용서비스에 대한 고객응대에서 배웅에 이르기까지의 실제적인 내용으로 구성되어 있습니다. 제3장에서는 불만고객 응대하기와 고객관리 그리고 산업체를 방문하여 직접 체험하고 느껴볼 수 있는 내용으로 구성되어 있습니다.

미용고객서비스는 이론으로 학습하여 익힐 수 있는 과정이 아니기 때문에 상호 실습을 통하여 고객에 대한 서비스 실무능력을 높이며 미용서비스에 대한 실무적인 감각을 향상시켜야 합니다. 이 책은 미용서비스의 실무 감각 향상을 위하여 도움이 되었으면 하는 마음으로 출판하게 되었습니다.

이 책의 구성을 위하여 고객서비스 선행연구자님들의 자료를 인용하였으며 감사의 말씀을 전합니다. 마지막으로 그동안 출판을 위하여 많은 도움을 주신 양성원 관계자분들에게 감사를 전합니다.

2019년 9월

저자일동

Contents

Chapter

1

고객 서비스의 이해

Lesson 1 고객 서비스의 이해

1) 고객 서비스의 정의

서비스의 사전적 정의[1]에는 두 가지가 있다. 하나는 생산된 재화를 운반·배급하거나 생산·소비에 필요한 노무를 제공함을 이야기한다. 다른 하나는 개인적으로 남을 돕거나 시중을 드는 것을 말한다. 이를 종합하면, '고객 서비스란 고객이 유·무형 상품을 구매하게 되는 모든 과정에서 갖게 되는 고객의 욕구와 기대를 만족시키기 위한 모든 활동'을 말한다. 따라서 고객에게 서비스를 제공하기 전에 고객이 무엇을 기대하고 욕구하고 있는지 확인하고 분석해야 한다. 그리고 서비스 제공 후 그 과정을 점검하고 관리하고 다시 적용하는 것까지 고객 만족을 위한 서비스가 될 것이다.

2) 고객 서비스의 모형

고객 서비스의 정의를 가지고 노정은과 최영희(2012)는 다음과 같이 뷰티 서비스 기본 모형을 제시하였다.

---

1) 네이버(www.naver.com) 사전 참고.

1 고객의 니즈 파악	이용고객의 나이, 성별, 소득수준, 직업군 등을 고려하여 서비스 내용을 수립하고 적용
2 시장 세분화	서비스 수립을 위한 서비스 표적 시장의 시장 세분화 계획
3 서비스 방안 모색	1번과 2번을 근거로 서비스 방안 수립
4 서비스 포지셔닝	동종업계와 차별화된 서비스로 시장성 확보 및 이미지 제고

(1) 고객의 니즈(needs) 파악

'고객이 무엇을 원하는가?'에 대한 것을 알아보기 위해서는 개개인의 특성을 다음과 같이 분류하여 파악할 수 있다.

- **지리적 변수** : 지역, 인구밀도, 도시의 크기, 기후
- **인구통계적 변수** : 연령, 성별, 가족 규모, 가족 수명 주기, 소득, 직업, 종교, 교육수준, 세대
- **심리분석적 변수** : 사회 계층, 라이프 스타일, 개성, 관심사
- **행동분석적 변수** : 추구하는 편익, 사용량, 제품에 대한 충성도, 상표 충성도, 사용상황, 가격민감도, 제품구매 빈도

고객심리

1. 환영기대 심리

고객은 서비스 제공자의 상황을 고려하지 않고 항상 환한 미소로 환영받기를 원한다.

2. 독점 심리

고객은 서비스 제공자로부터 자신만을 위한 서비스를 받고자 한다. 고객의 독점심리를 만족시키다 보면, 다른 고객들이 차별받는다는 생각을 갖게 할 수 있다. 따라서 서비스 제공자는 가능한 한 모든 고객들에게 동일한 서비스를 제공하기 위해 최선을 다해야 한다.

3. 우월심리

"손님은 왕이다"라는 말처럼 고객은 자신이 서비스 제공자보다는 우월하다는 심리를 가지고 있다. 따라서 서비스 제공자는 자신은 겸손한 태도를 하고 고객을 존중하는 마음을 가지고 있어야 한다.

4. 보상심리

고객은 자신이 비용을 지불한 만큼 손해보지 않고 더 좋은 서비스를 받기를 기대한다.

5. 자기 본위적 심리

고객은 자신의 생각과 가치기분에 따라 사물과 상황을 바라보고 판단하는 경향이 있다.

박혜정(2013). 고객서비스실무. 백산출판사 p.77 수정발췌

(2) 시장 세분화

시장 세분화란 비슷한 유형의 작은 단위로 세부시장으로 나누어 이에 대해 각각 차별적인 마케팅 전략을 실행하는 것을 말한다. 시장 세분화의 목적은

첫째, 정확한 시장 상황을 보고 앞으로 있을 수요에 대하여 전략을 수립하기 위함이다.

둘째, 서비스 공급자의 강점과 기회를 활용할 수 있는 활동이나 고객을 찾기 위함이다.

셋째, 마케팅 활동의 방향을 정하기 위함이다.

넷째, 기존 세부시장에 대한 분석을 통해 기존의 성과와 고객의 반응 분석을 마케팅 전략에 활용하기 위함이다.

코틀러(Kotler, 2007)는 의미 있는 시장 세분화를 하기 위해서는 다음과 같은 내용을 고려해야 한다고 하였다.

첫째, 정보획득과 측정이 쉬워야 한다.

둘째, 세분화된 시장은 오랜 시간동안 그 특성을 일관성 있게 유지하고 있어야 한다.

셋째, 구체적인 마케팅 전략을 활용할 수 있는 접근성이 있어야 한다.

넷째, 수익창출이 가능한 실질성이 있어야 한다.

다섯째, 마케팅 전략이 실행 가능성이 있어야 한다.

(3) 표적시장(Targeting)의 선택

고객의 니즈 파악과 시장 세분화에 따라 시장을 세분화한 뒤, 그 중에서 주된 서비스 대상을 설정하고, 서비스 제공전략을 세운다. 표적시장을 선택하고 주된 서비스 대상에 집중해서 서비스 제공자가 가지고 있는 자원을 고려하여 서비스 전략을 세울 수 있다.

(4) 포지셔닝 전략(Positioning)

포지셔닝 전략은 차별화된 서비스를 제공함으로써 고객 마음속의 특별한 위치로 인지할 수 있도록 하는 것을 말한다.

3) 서비스의 기본 특징

(1) 무형성

서비스는 눈에 보이거나 만질 수 있는 물체가 아니다. 따라서 서비스의 가치를 평가하는 것이 어렵다. 그래서 무형적인 서비스를 유형화하는 것이 필요하다. 즉, 보이지 않는 서비스의 품질을 향상시키고, 고객이 서비스의 경험을 예상하고 평가할 수 있도록 하는 노력이 필요하다. 예를 들어, 인터넷을 통한 정보 서비스는 업체가 날짜와 시간을 블록화하여 고객이 원하는 날짜와 시간에 표시하여 받을 수 있는 서비스를 말한다. 이러한 서비스는 무형화를 유형화로 나타내는 것으로 고객이 직접 경험 효과를 통해서 서비스를 감지하고 평가할 수 있게 한다. 이때 서비스의 품질은 '고객 만족'을 위한 고객의 욕구와 기대가 선행되어야 한다. 고객이 만족할 수 있는 서비스를 눈에 보이도록 나타낼 수 있도록 한다면, 서비스에 대한 가치가 높게 평가될 것이다.

(2) 이질성

서비스는 같은 서비스라 할지라도 서비스를 제공하는 사람들에게 따라 그 품질이 달라질 수 있다. 예를 들면, 음료를 받는 과정에서 고객의 실수로 음료를 떨어뜨렸다고 가정해 보자. 한 명의 서비스 제공자는 고객의 실수이기에 새로운 음료를 제공할 수 없다고 하고, 다른 한 명의 서비스 제공자는 고객의 실수라도 속상한 고객의 마음을 공감하여 새로운 음료를 제공하였다. 고객은 같은 상황에서 전혀 다른 서비스를 받았다고 생각할 것이며, 이에 따라 고객이 느끼는 서비스의 품질은 달라질 수밖에 없다. 따라서 서비스의 품질은 서비스의 제공자에 따라 많은 차이를 나타낼 수 있다. 그러므로 고객이 같은 장소에서 동일한 서비스를 제공받고, 만족을 갖게 하기 위해서는 직원들의 표준화된 서비스 교육이 반드시 필요하다.

(3) 비분리성

서비스는 생산된 물건을 소비하는 것이 아니라 고객이 생산과정 안으로 들어와 직접 참여하는 특징을 가지고 있다. 예를 들어, 헤어샵에서 고객이 자신의 헤어스타일과 시술의 내용을 직접 정하고, 이에 헤어디자이너 전문성을 가지고 생산하는 것을 말한다. 이때, 디자이너가 자신 분야의 전문성을 강조하려고 고객이 생산과정에 참여하고자 하는 것을 제지하거나, 그에 대한 욕구를 무시하고 생산해 주었다면 서비스에 대해서 불만족을 갖게 될 것이다. 따라서 비분리성을 극복하고 고객이 만족하는 서비스를 제공하기 위해서는 서비스 제공 인력에 대한 관리와 교육이 반드시 이루어져야 한다.

(4) 소멸성

서비스는 유형화된 상품처럼 나중에 다시 판매하거나 이용하는 것이 불가능하다. 예를 들면, 헤어샵의 고객들은 대부분 주말이나 공휴일에 이용을 주로 한다. 반면에 평일에는 주말이나 공휴일보다는 적게 고객들이 이용하는 편이다. 그렇다고 평일의 서비스를 저장했다가 고객들이 많은 주말이나 공휴일에 사용할 수 없음을 말한다. 이를 보완하기 위해서는 서비스 제공자의 제공 인력의 쉬는 날을 주중으로 옮기거나, 매장을 여는 시간과 닫는 시간을 고객이 가장 많이 이용하는 시간대로 조절하는 등의 서비스 제공 인력과 고객 이용 간의 조화를 가질 수 있도록 하는 것이 필요하다.

Worksheet

1. 내가 경험한 최고의 서비스는 무엇이었는가? 고객 서비스의 개념을 근거로 자신의 경험을 이야기해 보자.

2. 내가 생각하는 고객 서비스에 대해서 정의를 내려보자.

3. 나는 고객들에게 어떤 서비스 제공자로 기억되기를 원하는가?

4. 고객 만족 성공사례와 실패사례를 조사하고 그 이유에 대해서 이야기해 보자.

고객 만족도를 향상시키는 방법

1 '고객이 원하는 것'은 고객에게 직접 물어보자

고객이 무엇을 원하는지 모르고 최고의 서비스를 제공할 수는 없다. 고객이 얼마나 서비스에 만족하고 있는지, 더 원하는 것은 없는지 주기적으로 체크해 보자.

2 만족도의 변화를 체크하자

고객 만족도를 파악할 때, 장기간에 걸친 조사가 필요하다. 과거의 수치와 비교해보면서 끊임없이 고객 만족도를 향상시키기 위해 노력해야 한다.

3 고객의 피드백을 바탕으로 서비스를 개선하자

고객들의 피드백이 모두 서비스 개선에 도움을 주는 것은 아니다. 하지만 고객의 피드백을 듣고 서비스에 변화를 줌으로써 소비자들의 반응을 볼 수 있고, 이를 통해서 긍정적인 효과를 기대해 볼 수도 있다.

> 세계 최대의 낙농제품 전문매장인 'Stew Leonard'에서는 고객의 의견 중 채택된 안건을 24시간 내에 반영하는 시스템을 시행하고 있다. 한 가지 사례로, 매일 신선한 생선을 진열해놓았음에도 불구하고, 신선해보이지 않는다는 고객의 피드백을 받았다. 조사해보니 진열된 생선이 랩으로 포장되어 있는 것이 문제점이라는 것을 파악하고, 바로 그 다음날 얼음으로 채운 투명한 진열대 위에 생선을 올려놓았다. 그 후 판매량이 두 배 이상 올랐다고 하니, 고객의 소리에 귀 기울여 성공한 대표적인 예이다.

4 고객의 요구에 재빨리 대응하자

신속하게 고객의 문의에 응답하는 것은 매우 중요하다.

고객의 메시지에 신경을 쓰고 있다는 것을 보여주는 것만으로도 고객 만족에 상당한 효과가 있다.

5 고객 응대 시스템을 안정적으로 유지하자

이메일이나 SNS에서 고객의 문의에 답변하거나 빈번하게 발생하는 문제를 해결하는 전담팀을 만드는 것도 하나의 방법이다.

6 불만 사항이 접수되면 겸허히 받아들이자

고객들은 긍정적인 평가보다 부정적인 평가에 더 민감하다. 그렇기 때문에 불만 사항이 접수되면 문제가 없다는 점을 피력할 것이 아니라, 귀 기울여 듣고 정중히 사과하는 것이 더 좋은 결과를 가져올 수 있게 한다.

7 고객에게 지속적으로 정보를 제공하자

만약 고객이 문의를 했는데 곧바로 답변을 줄 수가 없는 상황이라고 해도, 지금 처리 중이니 나중에 연락을 달라는 식으로 매듭지어서는 안 된다. 계속해서 일이 어떻게 진행되어가고 있는지 설명해주어야 한다. 문제가 해결된 후에는 고객에게 바로 통보해 주고 또 다른 문제는 없는지 확인하는 작업을 통해 고객 만족도를 높인다.

8 상담 전화 대기 시간을 줄이자

글로벌 컨설팅 전문기업인 '엑센츄어'에서 2013년에 조사한 'Global Consumer Pulse Survey'에 따르면, 다양한 분야의 업종에서 고객들의 전화 대기 시간은 평균 56초였다. 그런데 상당수의 고객들은 40초가 넘어가면 그냥 전화를 끊어버린다고 한다. 고객들을 기다리게 하는 것은 만족도에 큰 영향을 끼칠 수 있다. 따라서 전화 응대 직원을 늘리거나 전담 전화 응대자가 대기하는 방법을 통해서 고객 만족도를 향상시킬 수 있다.

9 단골 고객에게 더 많은 관심을 기울이자

오랫동안 여러분의 서비스를 각별히 사랑해 준 고객이 있다면 당연히 더 많은 관심을 기울여야 한다. 고객의 이름이나 직업 같은 개인적인 사항들을 기억하는 것만으로도 고객은 자신이 대우 받고 있다는 느낌을 받는다. 단골 고객은 반복해서 구매를 한다는 점은 물론, 주변인에게 추천을 하기도 한다는 점을 고려한다면, 고객에 대한 작은 관심은 미래를 위한 큰 투자가 될 수 있다.

위스켓블로그 2015.1.21. 내용 수정 발췌

http://blog.wishket.com/%EA%B3%A0%EA%B0%9D-%EB%A7%8C%EC%A1%B1%EB%8F%84-100%EB%A5%BC-%EC%9C%84%ED%95%9C-12%EA%B0%80%EC%A7%80-%EB%B9%84%EB%B2%95/

Lesson 2 인성과 이미지

1) 서비스의 품질

무형의 서비스 품질을 높이는 방법에는 두 가지가 있다. 하나는 유형화할 수 있는 서비스를 고객이 볼 수 있도록 하는 것이다. 예를 들어, 매장의 인테리어를 고객이 편안하게 이용할 수 있도록 디자인하거나 고객이 기다리는 시간을 덜 지루하게 느끼도록 볼거리와 다양한 음료를 제공하고 선택할 수 있도록 하는 것이다. 또 다른 하나는 무형 서비스로 서비스를 제공하는 사람의 친절한 행동과 밝은 미소, 신뢰를 보여주는 언어적 표현, 고객을 이해하는 마음 등을 말한다.

파라슈라만 등(Parasuraman et al., 1988)은 서비스 품질을 높일 수 있는 결정적인 요인을 다음과 같이 5가지로 제시하였다.

신뢰성	약속한 서비스를 정확하게 제공하는 것
반응성	고객을 신속하게 도와주려는 의지의 표현
보장성	고객이 안심하고 이용할 수 있도록 호가심을 심어주기 위한 노력
공감성	고객 개개인에게 관심을 가지고 환대를 보여주는것
유형성	서비스 제공의 물리적 시설과 종업원의 복장, 외모, 태도 보여지는 표현도구

파라슈라만(1988)이 제시한 서비스품질의 결정요인을 가지고, 자이사믈 등(Zeithaml et al., 1990)이 5가지 결정요인 중 무엇이 중요한가에 대하여 미국 소비자 1,900명에게

조사하였다. 그 결과 신뢰성 32%, 반응성 22%, 확신성 19%, 공감성 16%, 유형성 11%순으로 나타났다. 이는 고객이 유형적인 서비스보다 무형적인 서비스에 대한 것을 더 중요시함을 보여준 것이다. 즉 다시 말해 '서비스 제공자'가 고객이 만족하는 서비스품질을 결정하는 중요한 요인이다.

2) 서비스 제공자의 중요성

① 서비스 제공자가 서비스이다

고객 서비스의 접점에는 서비스 제공자가 있다. 따라서 고객 서비스의 최전방에 있는 서비스 제공자의 말 한마디, 행동, 예의범절이 곧 고객이 서비스에 만족하느냐, 만족하지 않느냐에 대한 결정적인 요인이 될 수 있다. 더 나아가 고객의 불만요인이 될 수 있다.

② 서비스 제공자가 회사의 대표이다

서비스 제공자가 고객 서비스의 접점에 있을 때에는 회사의 대표가 된다. 왜냐하면 고객은 눈앞에 보이는 서비스 제공자를 회사로 보기 있기 때문이다. 따라서 고객에게 서비스를 제공하는 서비스 제공자의 개개인의 이미지와 행동은 곧 회사를 대표하는 이미지가 된다는 사실을 분명하게 인식해야 한다.

③ 서비스 제공자는 성공 창출자이다

서비스 제공자가 서비스를 제공하는 최종 목표는 바로 판매활동이다. 서비스 제공자가 가지고 있는 지식, 기술, 고객 응대를 통해서 이익 창출하는 것이다. 이는 회사가 존재하는 궁극적인 목적이며, 서비스 제공자의 미래를 위한 행동이다.

3) 서비스 제공자가 가지고 있어야 할 능력

(1) 인성

① 인성의 의미와 중요성

인성은 인간이 개인적으로 가지고 있어야 할 바람직한 심성과 사회적으로 가지고 있어야 할 가치 있는 인격 및 행동 특성으로 정의한다(박성미·허승희, 2015).

인간의 기본적인 욕구 중에 하나가 다른 사람들과의 관계를 하고자 하는 것이다. 인간관계를 통해서 인간의 기본적인 욕구를 긍정적으로 채워가기 위해서는 다른 사람들을 위한 진심 어린 존중과 배려 등, 즉 기본적인 바른 인성이 자연스럽게 나와야 한다. 이것이 사람들과 조화롭게 살아가기 위한 필수조건이 된다. 특히 고객 만족을 위해서 관계를 형성하는 서비스 제공자는 기본적이고 바람직한 인성이 서비스의 품질을 높게 만드는 요인이 된다.

② 인성의 핵심가치 8가지(「인성교육진흥법」 참조)

가. 예절(禮節)

예절이란 "인간관계에 있어서 사회적 지위에 따라 행동을 규제하는 규칙과 관습의 체계"를 말하며, 생활방식·사고방식·사회풍조에 따라 다르게 나타난다. 예절은 일정한 생활문화권에서 오랜 기간동안 생활방법으로 정립되어 관습적으로 행해지는 사회계약적인 생활규범이다. 예절은 법규처럼 강제성은 없지만, 속해 있는 생활문화권에서 어길 경우 다른 구성원들로부터 소외당할 수 있다.

나. 정직

정직은 어떠한 상황에서도 생각과 말, 행동을 거짓없이 표현하여 신뢰를 얻는 것이다. 정직은 곧 신뢰이다. 정직에서 얻은 신뢰는 단순한 계약조건을 넘어 관계성의 지속성을 갖게 만드는 중요한 요인이 된다.

다. 책임

책임은 자신의 모든 행동의 결과에 대한 의무나 제재라고 할 수 있다. 책임은 도덕적 책임과 법적 책임으로 구분할 수 있다. 기본적으로 자신에게 주어진 권력을 남용하고 잘못된 결과에 대한 책임을 남에게 전가하거나 잘되면 내 탓이고 못되면 남의 탓으로 책임을 돌리는 행위는 도덕적인 책임뿐만 아니라 최후에는 법적 책임까지 질 수 있게 된다.

미국의 대통령 트루먼이 백악관 집무실에서 “일의 모든 책임은 내가 진다”라고 했던 말을 기억하며, 내가 한 모든 일에 책임을 지겠다는 주체적인 생각을 가지고 있어야 한다.

라. 존중

존중이란 다른 사람들을 귀하고 중요하게 대하는 태도이다. 내가 하는 상대방에 대한 존중은 결국 상대방의 나에 대한 존중으로 돌아온다. 옛속담에 ‘가는 말이 고와야 오는 말도 곱다’라는 말이 있듯이 인간사회는 내가 준만큼 돌려받을 수 있다는 것이다. 그렇기에 나 스스로를 위하여도 타인에 대한 존중이 필요하다.

마. 배려

배려란 인간관계 속에서 상대방을 이해하고 보살펴 주는 것을 말한다. 명심보감에 ‘남의 흉한 일을 민망히 여기고, 남의 좋은 일은 기쁘게 여기며, 남이 위급할 때는 건져주고, 남의 위태함을 구해 주라’ 말을 기억하고 행동한다면 힘든 사회생활이 외롭지 않을 것이다.

바. 협동

우리가 살아가는 사회는 혼자서 살아갈 수 없다. 왜냐하면 인간은 완벽하지 않기에 모든 것을 혼자서 해결하는 것에 한계가 있다. 따라서 많은 사람들과 한 가지 목표를 가지고 일하는 직장생활에서는 작은 일부터 서로 협력하며 힘을 합친다면 쉽게 좋은 결과를 얻을 수 있을 것이다.

(2) 이미지

① 이미지의 정의와 중요성

이미지의 사전적 정의의 기본 의미는 '어떤 사물에 대하여 마음에 떠오르는 직관적 인상'[2]을 말한다. 각 개인이 어떤 경험으로부터 형성된 이미지는 즉각적인 반응에서 시작하지만, 그 이후 다른 모든 경험에 장기적으로 마음과 생각에 저장하여 지속시키는 경우가 많다. 즉 다시 말해서, 한 개인에게 한번 형성된 이미지는 쉽게 변화하기가 어렵다. 특히 긍정적인 경험으로부터 얻은 이미지보다 부정적인 경험으로부터 얻은 이미지는 아주 큰 새로운 자극을 경험하지 않은 이상, 더 쉽게 변화하지 않는다. 이러한 이미지가 가지고 있는 특성 때문에 긍정적인 이미지를 고객에게 가질 수 있도록 노력하는 것은 서비스에서 매우 중요하다. 고객이 서비스 시작부터 긍정적인 경험을 통해서 형성된 이미지는 그 이후에 모든 서비스에 대한 평가에 중요한 영향을 준다. 이는 고객의 재방문 의사에 영향을 주며, 고객의 주변사람들에게 입소문을 통해 간접 마케팅을 하는 효과도 지니고 있다.

② 대인지각

대인지각이란 사람을 지각할 때 그의 성격 특질을 모두 하나로 통합하여 전체적으로 일관성 있게 특징지어 지각하는 것으로, 인상형성(印象形成)의 과정을 의미한다.[3] 대인지각을 통해 이미지를 형성하는 6단계로 되어 있다.

---

2) 다음(www.daum.net) 사전 참고.

3) 다음(www.daum.net) 사전 참고.

1. **주목단계** — 다른 사람의 외적인 이미지를 지각하는 단계이다.
2. **즉각적 판단단계** — 즉각적인 이미지를 통해서 긍정 또는 부정으로 판단하는 단계이다.
3. **원인귀속단계** — 상대방의 외적 이미지와 내적 이미지로 판단하는 단계이다.
4. **성격특성추측단계** — 상대방이 생각하는 특성들을 가지고 판단하는 단계이다.
5. **인상형성단계** — 이전 단계에서 지각된 상대방의 이미지를 가지고 보다 자세하게 지각하는 단계이다.
6. **행동예측단계** — 이전에 지각했던 결과들을 가지고 상대방의 행동을 미리 예상하는 단계이다.

③ 첫인상의 중요성

나의 첫인상이 상대에게 전달되는 시간은 불과 5초밖에 되지 않는다고 한다. 처음 한번 5초의 짧은 시간에 지각된 나의 이미지는 상대방에게는 평생 기억에 남게 되어 있다. 이것은 자신이 가지고 있는 숨겨진 내적 이미지와 성향을 확인하지 않고 보이는 모습만을 가지고 평가하기 때문에 일방적으로 인식된다. 더 나아가 이렇게 지각된 이미지는 상대방이 나의 진짜 모습과 전혀 다르게 지각할 수 있는 오류를 보일 수 있으므로 첫인상에 대하여 중요하게 생각해야 한다.

④ 첫인상의 심리효과

가. 초두효과

처음 지각된 정보가 최종 판단에 큰 영향력을 준다는 것을 말한다. 예를 들어, 한 회사에 A와 B라는 사람이 입사하여 C 상사에게 A는 '성실한 이미지'로, B는 '대충대충하는 이미지'로 처음부터 낙인찍혔다. 그런데 공교롭게도 A, B 모두 같은 날 지각을 했을 때 C 상사는 성실한 이미지의 A에게는 "무슨 일이 있냐? 어제 늦게까지 야근해서 많이 힘들었냐?"며 이해하려는 태도를 취하고, B에게는 "그럼 그렇지!"라는 부정적인 판단을 하게 될 것이다. 이와 같이 같은 상황이라도 서로 다른 처음 이미지로 인해 최종 다른 판단을 하는 것을 '초두효과' 현상이라 한다.

나. 후광효과

한 사람의 외모, 학력, 인기 등의 장점으로 인해 보이지 않은 내적인 특성까지도 긍정적으로 평가되는 현상을 말한다. 다시 말해 한 가지의 커다란 장점으로 인해 다른 특성들도 모두 긍정적으로 평가하려는 경향을 말한다.

다. 부정성 효과

한 사람의 이미지 형상에 있어 긍정적인 특성보다 부정적인 특성을 더 강하게 인지하는 현상을 말한다. 사람들은 어떤 부정적인 정보가 나타나면 다른 긍정적인 정보보다 부정적인 것에 비중을 두고 인상을 평가한다. 다시 말해 모든 것이 동일하다면 부정적인 특성들은 긍정적인 특성들보다 인상형성에 더 많은 영향을 준다. 이런 현상을 '부정성 효과'라고 한다.

라. 맥락효과

처음에 들어온 정보가 나중에 들어오는 정보에 근거를 제공하는 현상을 말한다. 즉, 인지된 이미지가 나중에 형성되는 이미지의 판단기준이 되어 전반적인 맥락을 제공함을 말한다.

Chapter 1

마. 대비효과

상대적으로 많은 매력을 가지고 있는 사람이 옆에 있으면 비교되어 오히려 자신에 대한 평가가 낮아지는 현상을 말한다.

바. 악마효과

비호감적인 부분이 상대방을 알기도 전에 다른 모든 것들을 부정적인 것으로 평가하는 현상을 말한다.

Worksheet

양심적인, 정확한, 조용한, 거친, 겸소한, 얼굴이 두꺼운, 게으른, 민감한,
주의 깊은 경쟁적인, 반항적인, 즐거운, 고집 센, 여유 있는, 공격적인, 부끄러운, 영리한,
진지한, 부드러운, 쾌활한, 부주의한, 예리한, 괴짜인, 요구하는, 창조적인, 용기 있는,
근심 걱정이 없는, 긍정적인, 끈기 있는, 내성적인, 단순한, 도움을 주는, 동정적인,
따뜻한, 사교적인, 소심한, 생각이 깊은, 자기를 믿는, 자상한, 재빠른,
정직한, 깨끗한, 책임감 있는, 총명한, 친절한, 행복한, 현실적인, 호기심이 많은

자기 자신을 잘 나타내는 단어를 10가지를 찾아 적어 보세요.

자신에겐 없지만 갖고 싶은 성격을 찾아 적어 보세요.

다른 사람이 '나와 가장 어울리는 성격'을 찾아 적어 주세요.

Worksheet

나에 대해 친구가 말한 것과 자신이 생각한 것 중 같은 것과 다른 것이 무엇인지 적어 보세요.

같은 것	다른 것
①	①
②	②

서비스 제공자로 이미지 형성을 위해 노력해야 할 부분이 무엇이 있는지 적어 보세요.

Lesson 3 커뮤니케이션

1) 의사소통의 정의와 중요성

의사소통이란 자신의 생각과 감정을 상대방과 주고 받는 과정이다. 이러한 과정은 인간과 상호작용하는 모든 관계에서 일어나는 것이다. 의사소통은 바람직한 인간관계를 형성하고, 자신이 어떤 일이나 역할을 성공적으로 하기 위해서 꼭 필요한 것이다. 이러한 의사소통의 능력은 선천적으로 타고나는 것이 아니라 의사소통을 하는 사람의 관심과 노력을 통해서 긍정적인 의사소통을 할 수 있는 것이다.

2) 의사소통의 구성요소

송신자	자신의 생각과 감정을 전달하는 사람
수신자	송신자가 전달한 내용을 듣는 사람
정보	송신자가 수신자에게 전달하고자 하는 내용
피드백	의도한대로 의사소통이 이루어졌는지 알려주는 수신자의 반응
전달 매체	언어적 방법(말, 글), 비언어적 방법(표정, 시선, 목소리, 자세, 몸짓, 태도)

3) 의사소통의 유형

의사소통 유형에는 언어적 의사소통과 비언어적 의사소통이 있다. 일반적으로 언어적 의사통이 가장 중요한 하지만 이와 동시에 자신의 생각과 감정을 전달하는 사람의 표정이나 몸짓, 목소리 크기 등도 의사소통에 많은 영향을 준다.

(1) 언어적 의사소통

말이나 글에 의해서 이루어지는 의사소통이다. 최근에는 정보통신의 발달로 글의 방식이 문자, 이메일, SNS 등의 다양한 방법의 언어적 표현을 할 수 있게 된다. 언어적 의사소통을 효과적으로 하기 위해서는 전달하고자 하는 대상에 따라 언어적 표현을 선택하고, 정직하고, 명확하게 그리고 상대방이 이해하기 쉽게 전달하고자 노력해야 한다.

(2) 비언어적 의사소통

비언어적 의사소통에는 시선, 얼굴표정, 고객 끄덕임, 복장, 말투, 음량, 말의 속도, 발음, 공간 거리 등을 말한다.

비언어적 의사소통이 중요한 이유는 다음과 같은 기능을 가지고 있기 때문이다.

① 비언어적 의사소통은 언어적 표현을 보완하여 강조하거나 반복할 수 있다.

② 비언어적 의사소통이 언어적 표현을 대신할 수 있기도 하다. 예를 들어, 위아래로 고개를 끄덕이는 것을 긍정으로, 좌우로 흔들면 부정으로 의미 전달을 할 수 있다. 몸짓이나 표정으로 그 의미를 전달할 수 있다.

③ 비언어적 의사소통이 감정을 표현할 수 있다.

(3) 비언어적 의사소통의 종류

신체언어	시선, 얼굴 표정, 고객 끄덕임, 몸과 손의 음직임, 자세
외향적 이미지	복장, 두발, 보여지는 매력
의사언어	말투, 음량, 음조의 변화, 말의 속도, 발음

공간언어

거리		의미
0~45cm	친밀한 거리	가장 친밀한 거리로 사적인 공간을 의미 가족, 부모, 연인, 자녀, 가가운 친구
45cm~1.5m	개인적 거리	개인적인 거리고 손을 뻗으면 닿을 수 있는 정도의 공간. 공적, 사적 관계
1.2m~3.7m	사회적 거리	사회적 거리로 업무상 미팅이나 공식적인 상호작용을 필요로 함
3.7m 초과	공적인 거리	공적인 거리로 대중 앞에 서서 평하게 연설할 수 있는 거리

4) 효율적 의사소통

(1) 듣기

상대방의 말을 들을 때는 끝까지 경청하는 것이 중요하다.

다음은 효과적인 듣기를 위한 방법을 정리한 내용이다.

- 시선을 적절하게 잘 맞추어야 한다.
- 이야기를 잘 듣고 있음을 상대방에게 알리도록 한다.

- 상대방의 말을 비판하며 듣지 않도록 한다.
- 상대방의 메시지를 객관적으로 파악하려고 노력해야 한다.
- 상대방의 이야기가 이해되지 않을 경우 질문하여 명확한 내용을 전달 받도록 한다.
- 편안하고 이완된 자세를 취하면서 상대방을 향한 자세를 취하여야 한다.
- 상대방의 이야기 내용에 일관성이 있는지 파악하여야 한다.
- 상대방 메시지의 언어적, 비언어적 표현이 일치하는지 파악하여야 한다.
- 들은 후 잘 이해하였는지에 대하여 간략하게 정리하는 것도 바람직하다.

효과적인 듣기를 위해서는 방해하는 요인에 대하여 주의를 기울여야 한다.

- 상대방이 말하고자 하는 내용을 주의 집중하지 않는 태도이다.
- 말하는 사람의 말을 끝까지 듣지 않는 태도이다.
- 듣는 사람이 끝까지 듣지 않게 되면 말하는 사람과 전혀 다른 결론을 내리는 오류를 범할 수 있다.
- 자신이 듣고 싶은 내용만 듣지 않도록 한다.
- 자신이 듣고 싶은 내용만 듣다보면 전달자의 전체적인 맥락을 알 수 없게 된다.
- 말하는 사람의 내용이 자신과 다른 생각이나 감정을 내세울 때 자신의 감정을 내세우지 말아야 한다.

(2) 말하기

말하기란 자신의 느낌과 생각, 욕구를 효과적으로 표현하는 것이다. 효과적으로 이야기를 하게 되면 상대방에게 진심이 전달되고, 불필요한 갈등이나 오해 없이 의사소통이 이루어질 것이다.

효과적인 말하기는 쌍방이 서로 존중하면서 자신의 진심이 상대방에게 전해지고, 상대방의 진심도 나에게 전달되어 서로 합의점을 찾아나갈 수 있도록 하는 것을 의미한다. 따라서 상대방을 조정하고 통제하는 말하기 기술과는 구별된다. 의사소통은 상호작용을 통해 이루어지므로 한 사람이라도 효과적인 말하기를 한다면 불필요한 갈등이나 오해를 줄이고, 서로의 욕구를 이해하고 합의해 나갈 수 있다. 이러한 말하기는 상대방을 온전히 존중할 때 가능하며, 따라서 효과적인 말하기는 결국 자신과 상대방에 대한 이해를 넓히고 수용하는 과정이다.

효과적인 말하기를 할 때의 주의할 내용은 다음과 같다.

- 분명하게 의사전달을 하여야 한다.
- 비판적인 단어를 사용하지 않아야 한다.
- 상대방에게 감정적으로 공격하거나 위협하는 말을 하지 않아야 한다.
- I-Message전달법(나-전달)을 적용해 본다.
  - 나의 생각이나 감정을 전달할 때는 나를 주어로 말한다.
  - 상대방의 행동과 상황을 비난없이 구체적으로 말한다.
  - 상대방의 행동이 나에게 미치는 영향을 구체적으로 말한다.
  - 그 상황에 내가 느끼는 바를 진솔하게 말한다.
  - 원하는 바를 구체적으로 말한다.
  - 전달한 말을 건넨 후 상대방의 말을 잘 듣는다.

Lesson 4 고객 응대

1) 20초 자기소개하기

고객과 마주할 때 자기소개를 인상적으로 간단하게 할 수 있는 생각열기를 해보자.

(1) 대표 또는 원장

안녕하세요.

○○○대표 ○○○입니다.

내가 대표라면

~ 이렇게 소개하겠어요.

안녕하세요.

○○○원장 ○○○입니다.

내가 원장이라면

~ 이렇게 소개하겠어요.

(2) 매니저 또는 실장

환영합니다! 고객님

○○○ 매니저 ○○○입니다.

내가 매니저라면

~ 이렇게 소개하겠어요.

환영합니다! 고객님

○○○ 실장 ○○○입니다.

내가 실장이라면

~ 이렇게 소개하겠어요.

(3) 디자이너(아티스트)

반갑습니다! 고객님

○○○ 디자이너 ○○○입니다.

내가 디자이너라면

~ 이렇게 소개하겠어요.

반갑습니다! 고객님

○○○ 아티스트 ○○○입니다.

내가 아티스트라면

~ 이렇게 소개하겠어요.

(4) 관리사

안녕하세요! 고객님

○○○ 관리사 ○○○입니다.

편안하게 모시겠습니다.

내가 관리사라면

~ 이렇게 소개하겠어요.

Chapter 1

나를 20초 동안 소개한다면 어떻게 할까요?

2) 인사하기[4)]

인사는 상대방에게 호감을 표시하거나 반가움을 나타내거나 존경을 표시하며 예를 갖추는 것이다. 인사를 통하여 처음 보는 사람에게도 호감을 표하거나 예의를 표하며 거리를 좁힐 수 있다. 무표정한 얼굴로 인사를 나누면 화가 났나, 아니면 어디가 아픈가, 또는 무슨 안 좋은 일이 있나 하고 상대방에게 많을 생각이 들게 한다.

서비스의 시작은 인사에서부터 시작한다. 내가 먼저 인사를 한다면 이웃과도 친근함을 나눌 수 있게 되고 인사하기 어색하면 아이 콘택으로 주고 받으면 관계를 이어 줄 수 있다. 우선, 누군가와 우연히 마주한다면 눈인사와 '안녕하세요', '여기 사시는 군요', '날씨가 좋군요' 등으로 가볍게 인사를 건네는 것도 좋다. 서비스업에서는 고객이 들어서면 눈부터 맞추고 입으로 안녕하세요! 하고 외친 후 고객을 숙여서 예를 갖추어 맞이한다.

만나는 장소에 따라, 작업 중일 때, 통화 중일 때, 어른이나 상사와 만날 때처럼 상황에 따라 고개를 숙일 수 있는 정도가 다르며 정 자세에서 격식을 차려야 할 상태에서는 허리를 반 정도 굽혀서 예를 갖춘다. 90°에 가깝게 허리를 굽히면 때론 비굴해 보이거나 상대편이 불편해 보일 수 있으므로 이벤트가 아니라면 45° 정도 고개를 숙여 충분히 예를 갖출 수 있다.

인사는 자신의 인격과 교양의 표현이다.

4) 심윤정·고샛별·최욱희·이수명(2017). 서비스 마인드와 글로벌 매너. 양성원. pp.80-82.

(1) 목례

① 가벼운 인사

② 15° 인사

③ 협소한 장소에서

가. 엘리베이터

나. 계단

다. 복도

라. 목욕시설

마. 스포츠센터 등

④ 상황에 따라

가. 통화 중 일 때

나. 작업 중 일 때

다. 식사 중 일 때

라. 모르는 사람과 눈을 마주 보았을 때

마. 짐을 들고 있을 때

바. 같은 사람과 여러 번 만났을 때

사. 동료나 하급자를 만났을 때 등

(2) 보통례

① 일반적인 인사

② 30° 인사

③ 일반적인 장소에서

가. 회사 사무실

나. 상점

다. 거리 등

④ 상황에 따라

가. 고객을 맞이하거나 배웅할 때

나. 사무실에 들어서면서 상사 및 동료에게 인사할 때

다. 외출하거나 귀가할 때

라. 만나거나 헤어질 때

마. 일반적인 상황일 때

(3) 정중례

① 중정한 인사

② 45° 인사

③ 예나 격식을 갖추는 장소에서

가. 집안 어른 집

나. 결혼식장

다. 공식석상

④ 상황에 따라

가. 국빈을 만날 때

나. 국가원수나 어른을 만날 때

다. 관혼상제의 예식 때

라. 만나거나 헤어질 때

마. 면접을 볼 때

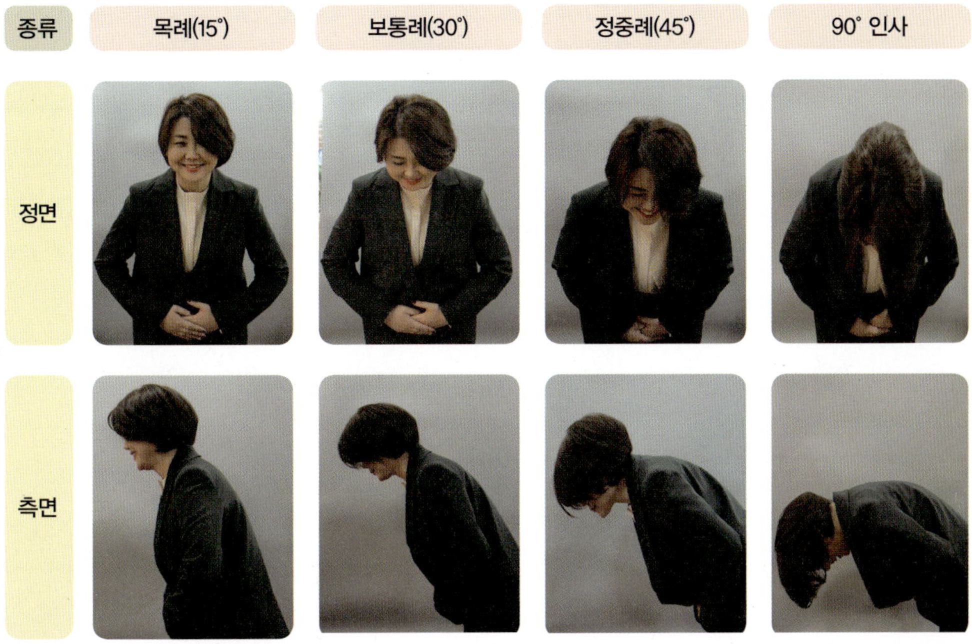

인사의 종류

| 인사 실습하기 |

인사를 생활화하기 위해 수업 시작 전에는 항상 2줄로 선다.

두 손을 앞으로 모아 잡아서 배꼽(단전)에 가지런히 놓는 공수자세를 한다. 이때, 남자는 왼손을 위로, 여자는 오른손을 위로 올리며 흉사 시에는 반대로 한다. 또한 차렷 자세에서 손을 가볍게 모아 잡는 자세로 인사해도 무방하다.

먼저 상대와 아이 콘택(eye contact)을 하여 마음을 열고 '안녕하세요' 라고 말을 하여 주의를 집중시킨 후 정중례로 인사 한다면 서로 마음이 따뜻해 질 수 있다.

실전처럼 아이 콘택 후 '고객님! 안녕하세요', '고객님! 환영합니다', '고객님! 반갑습니다', '고객님! 죄송합니다', '고객님! 사랑합니다'를 말하고 인사를 한 후 아이 콘택과 미소로 마무리한다.

다함께 인사와 말을 연습해 봅시다.

- 준비!
- 아이 콘택

- 안녕하세요! 인사 시작
- 아이 콘택
- 고객님 안녕하세요!
- 인사(45°)
- 아이 콘택과 미소

- 환영합니다! 시작
- 아이 콘택
- 고객님 환영합니다!
- 인사(45°)
- 아이 콘택과 미소

- 반갑습니다! 시작
- 아이 콘택
- 고객님 반갑습니다!
- 인사(45°)
- 아이 콘택과 미소

- 죄송합니다! 시작
- 아이 콘택
- 고객님 죄송합니다!
- 인사(45°)
- 아이 콘택과 미소

- 사랑합니다! 시작
- 아이 콘택
- 고객님 사랑합니다!
- 인사(45°)
- 아이 콘택과 미소

- 수고하셨습니다.

이제는 인사의 종류별로 목례, 보통례, 정중례를 상호 실습으로 직접 연출하여 사진으로 찍어 자신의 인사법이 어떤지 살펴보고 자체평가해 본다.

종류	목례(15°)	보통례(30°)	정중례(45°)
정면 사진			
측면 사진			
느낀점			
평가			

인사 종류별 상호 실습 사진

3) 표정 짓기

표정은 다른 사람의 시각에서 보여지는 것으로 좋은 인상을 주기 위해서는 밝은 표정이 좋다. 밝은 표정, 좋은 표정, 친절한 표정의 호감을 주는 표정은 웃는 얼굴에서 보여 줄 수 있다.

미소를 짓는 얼굴은 그냥 만들어 지는 것이 아니라 훈련이나 습관에 의하여 자연스럽게 얼굴에 나타난다. 미소 짓는 밝은 표정을 만들기 위해서는 매일 반복 연습으로 입꼬리를 올리는 연습을 하여 얼굴의 근육을 예쁘게 만들 수 있다.

이젠 잘 웃는 예쁜 표정을 위해 연습해 보자.

김치, 치즈, 와이키키처럼 한글 자음의 'ㅊ'이나 'ㅋ'의 단어가 입꼬리를 올릴 수 있다.

한번 입모양을 크게 하여 말해 보자.

- 김치! 김치!
- 치즈! 치즈!
- 와이키키! 와이키키!

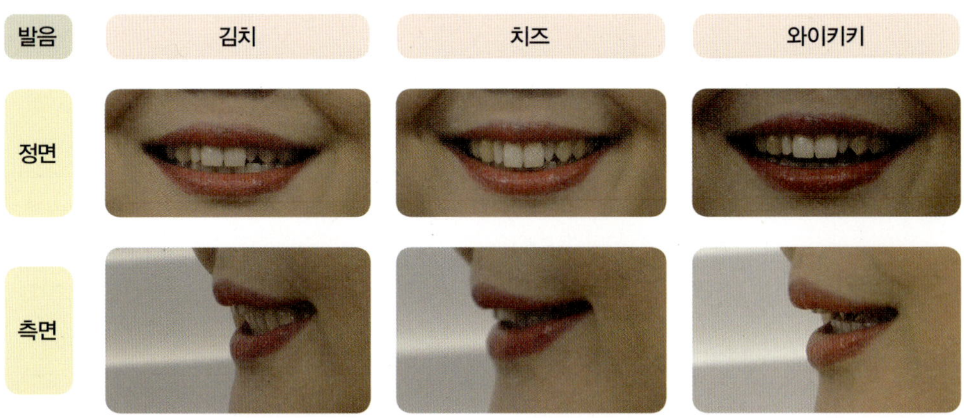

표정 만들기

예쁜 표정을 만들기 위해 김치, 치즈, 와이키키 발음을 정확하게 입을 크게 벌리며 상호 실습하여 사진을 찍고 표를 완성해 보자.

발음	김치	치즈	와이키키
정면 사진			
측면 사진			
느낀점			
평가			
표정 만들기 상호 실습 사진			

자신의 얼굴이 밝아지면 자신감도 상승한다.

반복연습으로 예쁜 미소를 지어보자.

4) 바른 자세[5)]

바른 자세는 자신의 건강에도 도움을 주며 상대방에게 편안함과 당당함이 전달된다. 첫인상에서 미소와 바른 자세는 자신감을 갖춘 사람으로 호감이 간다. 상대에게 좋은 인상과 배려를 위한 바른 자세를 익히는 것이 필요하다. 바른 자세는 생활의 습관에서 만들어지는 것이므로 바르게 서기, 앉기, 걷기를 통하여 바른 자세를 유지해야 한다. 아름답고 건강한 자세를 만들기 위한 방법이다.

(1) 바르게 서기

① 어깨는 완전히 이완되게 뒤쪽으로 돌려 정상적인 위치에 있게 한다.
② 머리는 어깨 위에 자연스럽게 위치한다.
③ 가슴은 이완되게 쭉 편다.
④ 허리는 중심선이 직선이 되게 선다.
⑤ 복부를 단단하게 힘을 주어 배가 나오지 않게 한다.
⑥ 허벅지 안쪽 근육에 힘을 주어 바로서야 한다.
⑦ 발뒤꿈치는 붙이고 앞발은 각 15° 정도로 벌린다.
⑧ 손은 가볍게 주먹을 쥐어 바지 봉제선에 가지런히 놓거나 공수자세로 양손을 모아 잡고 단전(배꼽주변)에 올려놓는다(여성은 오른손을 위로 올리고, 흉사에는 반대로 한다).
⑨ 턱은 자연스럽게 안쪽으로 당긴다.
⑩ 시선은 정면과 상, 하 약 10° 정도를 향해 상황에 따라 응시한다.

5) 심윤정·고샛별·최욱희·이수명(2017). 서비스 마인드와 글로벌 매너. 양성원. pp.75-78.

바르게 선 자세

공수 자세

바르게 선 자세

- 바르게 선 자세를 연습해 보자.
- 상호 실습으로 서로의 사진을 찍어본다. 실습을 통해 자신의 자세를 살펴 보고 고쳐야 할 점과 잘하는 점을 느낀점과 평가를 적어 스스로 바른 자세로 설 수 있도록 한다.

차렷 자세 정면 사진	차렷 자세 측면 사진	공수 자세 사진

느낀점	
평가	

바르게 선 자세 사진 완성하기

(2) 바르게 앉기

바르게 앉은 자세는 건강에도 중요하지만 상대방에게 단정한 이미지를 인식시킬 수 있다.

① 어깨는 이완되게 뒤쪽으로 회전하여 정상적인 위치에 있게 한다.
② 머리가 목 앞으로 빠지지 않게 어깨 위에 위치한다.
③ 의자 깊숙이 앉는다.
④ 어깨넓이로 벌리고 앉을 때는 무릎 위에 주먹을 쥐어 놓는다.
⑤ 양다리를 붙여 앉을 때는 공수자세로 손을 모아 다리 사이에 놓는다.
⑥ 허벅지 안쪽과 발바닥에 자연스러운 힘을 주고 발이 의자 안쪽으로 향하지 않게 한다.

바르게 앉은 자세

- 바르게 앉기를 상호 실습한다.
- 상호 실습으로 서로의 사진을 찍고 실습을 통해 자신의 앉은 자세를 살펴보고 느낀 점을 적어 스스로의 앉은 자세를 평가한다.

앉은 자세 정면 사진	앉은 자세 측면 사진
느낀점	
평가	
바르게 앉은 자세 사진 완성하기	

5) 바르게 걷기

① 발을 11자로 양발과 양다리를 안쪽으로 붙인다.

② 턱은 안쪽으로 당기고 가슴 위쪽을 앞으로 내민다.

③ 팔을 자연스럽게 엄지손가락이 앞을 향하게 내린다.

④ 오른발은 뒤꿈치가 위를 향하게 들고 왼발의 무릎은 편다.

⑤ 오른발을 앞으로 내딛 때 발뒤꿈치가 중앙에 먼저 닿고 다음에 발바닥 앞부분이 닿으며 엄지발가락이 닿도록 걷는다.

⑥ 몸을 앞으로 보내며 다리를 앞으로 이동시킨다.

⑦ 오른발이 앞으로 나갈 때 오른팔은 뒤로 크게 흔든다.

⑧ 왼발도 뒤꿈치가 위를 향하게 들고 오른발의 무릎은 편다.

⑨ 왼발도 앞으로 내딛 때 발뒤꿈치가 중앙에 먼저 닿고 다음에 발바닥 앞부분이 닿으며 엄지발가락이 닿도록 걷는다.

① 걷기준비, 양발을 11자로 허벅지 안쪽으로 힘을 준다.

② 몸이 앞으로 움직이기 쉽도록 뒷꿈치를 든다.

③ 오른발 앞으로 내딛 때 발뒤꿈치부터 닿는다.

④ 오른발 발바닥이 닿는다.

⑤ 오른발 발가락이 착지하며 오른팔은 뒤로 크게 흔들고 왼발을 움직인다.

⑥ 몸이 앞으로 움직이기 쉽게 발뒤꿈치를 들어 다음 스텝을 준비한다.

⑦ 왼발 앞으로 내딛 때 발뒤꿈치부터 닿는다.

⑧ 왼발 발바닥부터 닿고 발가락으로 착지하며, 왼팔은 뒤로 크게 올린다.

바르게 걷기

- 바르게 걷기를 상호 실습한다.
- 상호 실습으로 서로의 사진을 찍고 실습을 통해 자신의 걸음걸이를 살펴보고 느낀 점을 적어 스스로의 걸음걸이를 평가한다.

몸이 앞으로 움직이기 쉽게 오른발 발가락으로 세운다.	오른발 앞으로 내딜 때 발뒤꿈치부터 닿는다.	오른발 발바닥이 닿는다.	오른발 발가락이 착지하며, 오른팔은 뒤로 크게 든다.
왼발 발가락으로 세운다.	왼발 앞으로 내딜 때 발뒤꿈치부터 닿는다.	왼발 발바닥이 닿는다.	왼발 발가락이 착지하며, 왼팔은 뒤로 크게 든다.
느낀점			
평가			
바르게 걷기 상호 실습 사진			

Lesson 5 전화 응대

경제수준 향상과 통신의 발달로 전화사용 인구가 급증하고 있으며, 바쁘고 복잡한 비즈니스와 더불어 개인적인 업무에까지 확대되어 전화의 사용이 증가하고 있다.

많은 사람들이 직장에서 어려움을 겪는 업무 중 하나가 전화 응대이다. 전화가 편리하고 시간이 절약되는 장점을 가지고 있지만, 상대방의 얼굴을 보지 못하고 목소리에 의해 모든 것이 판단되기 때문에 전화 매너가 친절도의 중요한 기준이 되고 있다.

1) 전화의 특징

(1) 전화는 상대방을 볼 수 없다

전화는 상대방을 볼 수 없고, 자신도 상대방을 보여줄 수 없는 상황에서 목소리와 언어적 메시지만으로 의사소통하게 된다. 그러다 보니, 비언어적 의사소통 방법을 통해 알 수 있는 상대방의 메시지를 보지 못하고, 문자적으로만 상대방의 메시지를 해석할 수 있다.

(2) 전화는 일방적으로 이루어지는 경우가 많다

전화는 전화를 받는 사람이 원하는 시간과 상황에 따라 받는 것이 아니다. 전화를 거는 사람이 전화를 받는 사람을 고려하기보다는 일방적으로 이루어지는 경우가 많기 때문에 서비스 제공자라면 항상 전화를 받을 준비가 되어 있어야 한다.

(3) 전화는 보안성이 없다

최근에는 기업에서 서비스 품질 향상을 목적으로 전화내용을 사전 동의하에 녹취하는 것이 보편화되어 있다. 또한 개인 휴대전화를 이용하여 사전에 상대방의 동의없이 녹취가 되는 경우도 종종 있다. 따라서 전화 응대가 서비스 제공자와 고객과의 일대일 정보 공유가 아니라 다른 사람들과 공유가 될 경우가 많다. 그러므로 전화 응대가 무엇보다 중요하다고 볼 수 있다.

(4) 전화는 비용이 발생한다

전화는 거는 사람에게 받는 사람보다 시간과 비용이 발생한다. 따라서 전화 서비스 시 고객에게 성의 있는 전화 응대를 하지 않을 경우 더 큰 불만사항이 제기될 수 있다.

2) 전화 응대의 중요성

- 정보화시대의 중요한 업무수단으로 쓰인다.
- 표정을 알 수 없는 전화는 온전히 음성과 응대언어가 중요하다.
- 간결한 응대 멘트를 정하고 익히는 것이 중요하다.
- 회사 이미지에 대한 신뢰도 형성의 기준이 된다.

3) 전화 응대의 기본 원칙

친절	• 친절성은 고객이 가장 기대하는 사항이다. • 음성에만 의존하기 때문에 목소리에 상냥함이 배어 있어야 한다. • 음성뿐 아니라 고객의 요구 충족을 위해 애쓰는 태도로 전달되어야 한다.
신속	• 전화벨이 3번 울리기 전에 받는 것이 좋다. • 전화를 빨리 받는 것부터 친절한 응대이다. • 부득이하게 시간이 지체된 경우 상대방의 입장까지 배려해야 한다.
정확	• 정확한 업무 내용은 전화 서비스를 완성시킨다. • 상대방의 용건을 정확하게 파악한다.(용건은 육하원칙으로!!) • 중요한 업무내용은 반드시 복창하며 메모하도록 한다.

(1) 전화 받는 요령

① 전화벨이 3번 이상 울리기 전에 받는다

- 자신 있고 밝은 음성으로 받는다.
- 벨이 3번 이상 울렸을 경우에는 '늦게 받아 죄송합니다'라고 우선 말한다.

② 회사명과 부서명 이름을 밝힌다

- "안녕하십니까? ○○회사, ○○팀 홍길동입니다."
- "감사합니다. ○○회사, ○○입니다."

③ 상대방을 확인 후 인사한다

- "네, 고객님. 안녕하세요. 무엇을 도와드릴까요?"

④ 응답은 책임 있게 한다

- 요점을 명료하게 메모, 정리, 복창하여 내용을 재확인한다.
- 의문사항은 질문하고 응답할 내용에 대해서는 상대방이 이해하기 쉽게 답변한다.

- 끝까지 차분하고 정확하게 경청하며 한 손으로 메모한다.

⑤ 끝맺음 인사를 한다

- 감사의 표현과 인사말을 잊지 않는다.
- "감사합니다. 안녕히 계십시오."
- 상황에 따른 적절한 끝인사를 하고 상대방이 끊은 뒤에 조용히 수화기를 내려놓는다.

tip

전화 메모 요령

날짜	
전화 받은 사람	
전화 한 사람	
전화내용	
통화결과	• 전화 왔었다고 전화주십시오(　　　　　　) • 다시 전화 드릴 예정입니다 (　　　　　　) • 전화 부탁하셨습니다(☎　　　　　　)

(2) 전화 거는 요령

① 전화를 거는 것은 남의 집을 방문하는 것과 같은 주의가 필요하다

- 고객의 시간, 장소, 상황을 고려한다.
- 전화를 걸 때는 식사 시간이나 너무 이른 시간, 심야 시간은 피한다.

Chapter 1

② 통화할 내용을 점검한다

- 통화할 용건과 순서를 메모한다.
- 상대방의 전화번호, 성명, 소속, 직함 등을 확인한다.

③ 자신을 먼저 밝힌다

- "안녕하십니까? 저는 ○○회사, 홍길동입니다."
- "안녕하십니까? 저는 ○○○입니다. ○○건 때문에 전화 드렸습니다."
- 상대와 연결이 되면 인사를 하고 상대편이 전화를 받을 수 있는 상황인지 확인한다.

④ 용건을 말한다

- 용건은 간단명료하게 한다.
- 결론을 미리 말하고 뒤에 설명을 시작한다.
- 용건에 대해 확인한다. 시간, 장소, 이름, 연락처 등 주요사항을 재확인한다.
- 일방적인 통화가 되지 않도록 한다.

⑤ 끝맺음 인사를 한다

- 통화에 대한 감사인사 또는 상황에 따른 적절한 끝인사를 한다.

4) 전화 예약 응대하기

예약을 하면 고객의 입장에서 자신의 일정을 효율적으로 활용할 수 있으며, 회사에서는 차별화된 서비스 제공과 직원들의 효과적인 운영이 가능하다.

(1) 예약자의 정보 확인

- "네, 고객님. 예약을 도와드리겠습니다."
- "고객님의 성함을 부탁드립니다." 또는 "고객님, 전화번호 끝자리 부탁드립니다."

신규 고객일 경우 회원 정보가 없으니 신규 고객으로 예약을 받는다.

- "고객님의 성함과 연락처 말씀해 주세요."

(2) 예약 확인

- 방문시간, 회사 운영 시간, 직원 근무 여부, 회사 휴무일, 서비스 내용에 따른 소요 시간을 고려한다.

(3) 직원 일정 조율

- 고객이 원하는 직원의 일정을 확인하고 예약을 받는다.

5) 불만 고객 전화 응대하기

- 고객의 불만사항을 잘 경청하여 듣는다.
- 정확한 내용을 메모하면서 필수사항을 적는다.
- 고객의 불만사항에 대해 정중히 사과한다.
    - "고객님 정말 죄송합니다."
    - "고객님께 불편을 드려 죄송합니다."
    - "고객님께서 말씀하신 부분은 최대한 시정 조치하도록 하겠습니다."

Worksheet 전화실습

세부 MOT		내용
도입	전화벨이 울릴 때	
	전화를 받을 때	
	전화를 늦게 받았을 때	
안내		
예약	신규 고객	
	기존고객	
종결(전화를 끊을 때)		

고객을 위한 문자메시지 마케팅 TIP

최근 고객과의 커뮤니케이션으로 문자메시지(SMS)가 필수적인 요소가 되었다.

문자메시지는 마케팅 비용 대비 큰 효과를 볼 수 있지만, 고객에게는 자칫하면 스팸 문자나 귀찮은 광고로 오해를 살 수 있기 때문에 적절하게 활용할 필요가 있다.

문자메시지를 사용한 마케팅 방법은 다음과 같다.

1 고객의 편의를 위한 문자 서비스

스케줄 안내, 예약 확인 등과 같이 고객의 편의를 위해 사용하는 방법이 있다. 예약시간과 헤어 디자이너의 이름 등과 같이 예약 결과 안내로 문자 서비스를 활용하는 방법이다. 또한 서비스 시점이 다가왔을 때 고객들에게 상기시켜 주는 방법으로 문자메시지를 활용하는 것이다. 고객들의 편의를 위한 문자메시지 서비스는 고객들의 서비스 만족도를 높일 수 있게 한다.

2 고객을 위한 특별한 문자 서비스

누군가가 나에게 특별한 의미를 가지고 무언가를 제공해 준다면, 비록 작은 것이라고 할지라도 매우 기분이 소식이 될 것이다. 따라서 매장 내에서 하고 있는 작은 이벤트 소식을 알려주거나 생일 축하메시지, 할인 쿠폰이 첨부된 문자메시지는 고객들에게 작은 설렘과 함께 매장에 대한 긍정적인 기억들을 무의식적으로 만들어주는 역할을 한다.

★ 문자메시지를 보내는 방법

1. 로컬 고객들을 타겟팅하기.
   주변 주민들이나 직장인들을 타겟으로 하면 더 높은 효과를 볼 수 있다.

2. 타겟 대상을 고려하기
   고객이 누구인지, 주로 언제 휴대폰을 보는지 생각해 보고 적절한 문구와 보내는 시간들을 이용해 전송한다면 효과를 볼 수 있을 것이다.

3. 단문(SMS), 장문(LMS), 포토(MMS) 등 다양한 형식으로 메시지를 전송할 수 있다.
   전달하려는 메시지와 메시지 글자 수를 확인한 후 적절한 형식을 선택한다.
   – 단문: 90바이트 (텍스트, 한글 45자)
   – 장문: 2,000바이트 (텍스트, 한글 1,000자)
   – 포토: 이미지+2,000바이트 (텍스트, 한글 1,000자)
   *이미지는 300KB로 최대 3개까지 발송 가능

https://m.post.naver.com/viewer/postView.nhn?volumeNo=17618674&memberNo=2521903에서 수정발취

Chapter 1

고객 서비스의 이해 셀프체크리스트

학습내용	평가내용	자기평가		
		미흡	보통	우수
고객 서비스의 이해	고객의 니즈를 파악하기 위해 노력할 수 있다.			
	고객 만족도를 향상시키기 위한 노력을 할 수 있다.			
인성과 이미지	서비스 제공자의 중요성을 이해할 수 있다.			
	서비스 제공자가 지녀야 할 인성에 대해 이해할 수 있다.			
	본인의 이미지를 표현할 수 있다.			
커뮤니케이션	비언어적 의사소통에 대하여 이해할 수 있다.			
	상대방의 의견을 경청할 수 있다.			
고객 응대	나에 대하여 상대방에게 소개할 수 있다.			
	명함 주고 받기를 할 수 있다.			
	상대방에게 호감가는 인사를 할 수 있다.			
전화 응대	전화벨이 3번 이상 울리기 전에 받을 수 있다.			
	전화예약을 받을 수 있다.			
	불만 고객의 전화를 응대할 수 있다.			

Chapter 2

고객 서비스의 실제

Lesson 1 응대 서비스

1) 고객 맞이하기

(1) 대기석 안내

① 대기 시간 안내하기

가. 시술별 고객의 순서와 시간 안내

나. 디자이너별 고객의 순서와 시간 안내

(2) 소지품 보관 관리하기

① 개인 사물함 안내(탈의실에 보통의 소지품 보관)

② 귀중품 보관 장소(귀중품일 경우 따로 보관할 수 있도록 도울 수 있다)

(3) 음료 서비스

① 계절별 음료 설정하기

가. 날씨에 따라 비나 눈이 올 경우와 더운 계절의 음료는 상황에 맞는 메뉴가 설정되어야 한다.

나. 추운 계절과 더운 계절의 음료 선택

계 절	음 료
봄, 가을	
여름	
겨울	

멘트 1. 봄, 가을 –

2. 여름 –

3. 겨울–

(4) 책 또는 테블릿 PC 제공 서비스

- 고객이 대기하는 시간에 스타일북이나 월간지 또는 간단한 유머 책 등을 권하여 기다리는 시간이 지루하지 않도록 배려한다.

예 고객님 기다리는 시간에 보실 수 있도록 스타일링북을 보시겠습니까?

 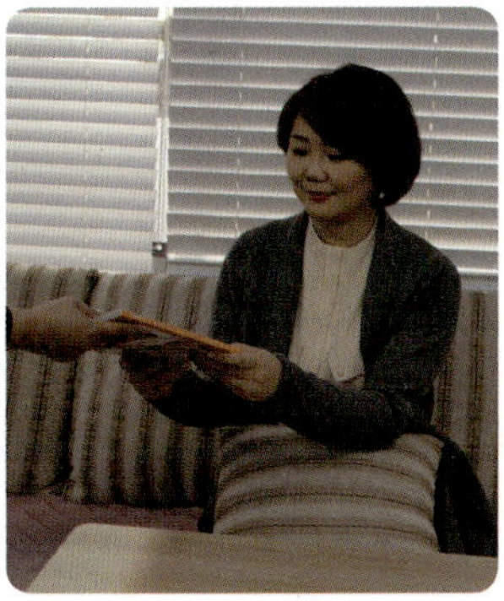 

상담자	고객

(5) 쿠션 제공 서비스

- 고객이 편안함을 느낄 수 있도록 대기용 쿠션 등을 권한다.

고객	상담자

Chapter 2

(6) 인터넷 사용 안내하기

① 비밀번호 입력 알려주기

가. 인터넷 비밀번호를 메모하여 고객에게 가져다주기

- 다른 고객들에게 방해가 되지 않도록 메모장을 전달하는 방법

나. 고령자일 경우 인터넷 비밀번호입력을 도와주기

- 스마트폰이 익숙하지 않은 고객들에게 다가가 도움을 제공하는 배려가 필요하다.

고객	상담자

응대 서비스 셀프체크리스트

학습내용	평가내용	자기평가		
		미흡	보통	우수
고객 맞이하기	고객의 예약 상황을 확인 할 수 있다.			
	고객에게 대기시간을 안내할 수 있다.			
	고객의 소지품을 보관할 수 있다.			
	뜨거운 음료 및 차가운 음료 제공 시 적절한 응대 멘트를 할 수 있다.			
	고객에게 쿠션 등을 권하며 대화할 수 있다.			
	고객에게 스타일링 북 등을 권하며 대화할 수 있다.			
	고객에게 인터넷 비밀번호 등을 알려주어 사용하게 할 수 있다.			

Chapter 2

Lesson 2 고객 상담

1) 고객관리하기

(1) 고객 카드(차트 만들기)

① 고객 카드 작성 시 혜택과 필요성을 설명해 주기

가. 생일 축하 이벤트 할인행사

나. 연중 할인행사 참여 가능

다. 축하 문구나 이벤트 문구 받아보기

② 개인 정보 동의하기(개인정보 수집 및 활용에 대한 안내 확인)

③ 개인 신상 기본 문의하기

가. 성명(소통의 첫걸음)

나. 실제 생일(이벤트 참여혜택)

다. 기혼일 경우, 결혼기념일(이벤트 참여혜택)

라. 연락처(발송되는 문자 등을 받아볼 수 있도록)

마. 소개한 사람(소개자의 이름과 연락처, 방문동기 등을 알아두기)

바. 고객 메인 담당자 상담 등(방문자의 성향 등을 고려하여 디자이너를 추천해 준다)

(2) 예약 일정 잡기

① 전화예약: 전화로 예약을 받을 경우 목소리만으로 고객을 대하기 때문에 목소리의 상냥함을 잃지 않도록 주의해야 한다.

② 샵 방문 당일예약: 대기시간이 오래 걸릴 경우 예약 후 외출 가능, 예약시간 확인 후 늦지 않게 당부

	고객	상담자
전화예약		
당일예약		

(3) 신규 방문

① 시술별 상담

② 담당 디자이너 선별

③ 시술별 소요시간 설명

Chapter 2

고객	상담자
예 머리디자인을 바꾸려 하는데~~	예 혹시 소개받은 선생님이라도 계신가요?
예 염색컬러를 바꿔보고 싶은데 혹시 추천해 줄 디자이너 선생님 계신가요?	예 아~네^^마침 ○선생님이 잠시 휴식시간이신데 ○선생님을 소개해 드릴까요? 저희샵에서 염색을 아주 잘 해드리는 선생님이세요^^

(4) 재방문

① 예약 확인하기

② 담당 디자이너 시간 체크하기

상담자	고객

(5) 예약방문

① 예약 확인하기

② 예약 시간 확인하기

③ 담당 디자이너 호출해 주기

상담자	고객

고객 카드

이 름		성 별	남: 여:
실제생년월일		핸드폰번호	
주 소:			
담당디자이너			
결혼기념일		최초방문날짜	
방문동기			
고객 메모	특이사항이나 알아두기 메모 예 • 염색시: • 퍼머시:		

유형별 고객 응대

1. 화가 난 고객

- 고객을 화가 나게 한 부분에 대해 먼저 사과하고 고객이 말하는 불만에 경청한다.
- 고객의 마음을 이해하고 공감한다.
- 긍정적인 태도로 불가능한 내용보다는 가능한 내용을 말한다.
- 객관성을 가지고 고객이 갖게 된 불만 원인에 대하여 규명한다.

2. 예민한 고객

- 서비스 제공 전부터 개인적으로 불쾌한 일이 있거나, 사소한 일에 부정적인 감정을 많이 느끼는 경우가 많다.
- 서비스 제공 시 고객이 자극받지 않도록 언어적 표현과 태도에 주의를 하는 것이 필요하다.
- 고객이 요구하는 부분에 대해서 신속하게 처리하도록 한다.

3. 거만한 태도를 보이거나 무리한 요구사항이 많은 고객

- 작은 일에 주관적인 태도를 가지고 자신의 의사를 표현하기 때문에 고객의 의견을 잘 경청하고 서비스 제공자의 상황을 있는 그대로 설명하는 것이 필요하다.
- 고객을 존중하는 태도로 전문성을 가지고 이야기한다.

4. 유 · 아동 응대 시 주의할 점

- 아이들은 집중력이 짧아 긴 시술을 지루해 할 수 있으므로 최대한 빠르고 정확하게 시술에 응해야 한다.
- 아이들이 집중할 수 있도록 장난감이나 영상을 틀어 주는 것도 좋은 방법이다.

Chapter 2

(6) 샴푸실 안내

① 샴푸실이 보이지 않은 곳이며 이동거리가 있을 경우

- 샴푸실이 보이지 않은 곳에 있을 경우 고객이 불안정한 태도를 취할 수 있다.
- 시술자가 한 발 앞장서서 손으로 방향을 명시하여 안내하여야 한다.

멘트

② 샴푸실이 보이는 곳에 배치되어 있을 경우

- 샴푸실이 보이는 곳에 배치되어 있을 때에도 시술자가 한 발 앞장서서 안내한다.

멘트

고객상담 서비스 셀프체크리스트

학습내용	평가내용	자기평가		
		미흡	보통	우수
고객관리하기	고객차트를 작성할 수 있다.			
	예약 일정을 잡을 수 있다.			
	신규 방문 및 재방문 고객을 응대할 수 있다.			
고객 응대	유형별 고객 응대를 할 수 있다.			
고객 안내	고객을 자리로 안내할 수 있다.			
	고객에게 대기시간을 안내할 수 있다 .			

Lesson

3

시술 시작 매뉴얼

1) 사전 샴푸

사전 샴푸 안내 멘트
– "고객님 오늘 (커트, 퍼머, 염색) 서비스 맞으시죠??" – "고객님 제가 샴푸실로 안내해 드리겠습니다." – 샴푸의자로 안내하며 "이쪽으로 부탁드립니다." – "고객님 시술 중에 액세서리 분실이 있을 수 있으니 보관함에 보관해 드리겠습니다."

시술자 응대 멘트(의견 제시)
예 고객님, 퍼머 시술 시에는 두피가 민감할 수 있으므로 샴푸는 간단하게 해드리겠습니다. 1. 2. 3. 4. 5. 6.

상세주문내역서

날짜 :

고객명: 생년월일 : 전화번호:

담당자 :			
서비스 내용	**기본요금**	**추가요금**	**비고**
할인내역			
합계			

위 서비스내역서를 확인하였습니다.

개인정보(성명, 생년월일, 연락처)를 제공하는 데 동의하며 문자나 카톡으로 고객지원 서비스에 활용되는 것을 동의합니다.

이름 : (서명)

회원 개인정보의 제공 및 활용 동의서

귀사가 본인(당사)으로부터 취득한 개인정보는 타인에게 제공, 활용시 동의를 얻어야 하는 정보입니다. 이에 본인(당사)은 다음의 개인정보를 아래의 제공 목적에 활용하도록 하는데 동의합니다.

1. 제공할 개인정보의 내용 : 개인정보(성명, 주소, 연락처) 등 및 신청서에 기재된 사항, 개인정보의 추가 획득 사항
2. 제공목적 : 고객지원, 마케팅 활동 등 다양하고 유용한 고객 서비스
3. 해당 기재된 정보와 관련하여 추후 본인의 정보를 추가하거나 수정할 때도 이 동의서의 동의 유효합니다.

신청일 년 월 일

신청자 (서명)

2) 시술 형태별 행동

시술형태별 행동순서	
사전샴푸 퍼머 사후샴푸	사전 샴푸 → 커트 → 클리닉제품 도포 → 1제 도포 → 샴푸 또는 산성린스 → 2제 도포 → 샴푸, 린스 → 건조 → 헤어스타일링
	예 퍼머 시술 전에 샴푸 먼저 하겠습니다. 예 퍼머 샴푸를 해드리겠습니다.
염색 사후샴푸	피부보호제 도포 → 염모제 도포 → 에멀린 → 샴푸, 린스 → 건조 → 헤어스타일링
	예 염색샴푸를 해드리겠습니다. 예 불편하신 데나 더 씻고 싶으신 데 있으신지요?

tip

염색 샴푸 시 유의사항

– 두피에 염색약이 묻어 있기 때문에 자극적이지 않게 염색약을 잘 제거해야 한다.

– 헤어 염색약은 의류 등에 묻으면 잘 지워지지 않기 때문에 의류에 묻지 않도록 주의한다.

– 혹시 의류에 묻었다면 신속하게 휴지나 리무버를 사용해 의류에 묻은 염색제를 제거한다.

– 피부 보호제를 페이스 라인과 네이프 라인에 도포하여 피부에 염색약이 묻지 않도록 한다.

드라이, 아이론	샴푸, 린스 → 건조 → 헤어스타일링
	예 샴푸를 해드리겠습니다. 예 모발에 에센스 바르셨는지요? 예 린스는 소량만 해드리겠습니다.
커트	1) 샴푸, 린스 → 커트 → 건조 → 헤어스타일링 2) 모발 적시기 → 커트 → 털기 → 샴푸, 린스 → 체크 커트 → 헤어스타일링
	예 머리카락을 털어내기 위해 꼼꼼히 샴푸해드리겠습니다.

tip

샴푸 후 자리로 이동하는 과정에서 발생되는 행동이나 대화를 생각해 본다.

– 시술대와 샴푸대의 이동 동선을 체크한다.

– 시술대로 이동할게요.

– 이쪽으로 모시겠습니다.

시술 시작 매뉴얼 셀프체크리스트

학습내용	평가내용	자기평가		
		미흡	보통	우수
시술 확인	상세주문 내역서를 작성할 수 있다.			
샴푸 시술 실제	샴푸실로 안내할 수 있다.			
	퍼머의 사전 샴푸 시 멘트를 할 수 있다.			
	퍼머의 사후 샴푸 시 멘트를 할 수 있다.			
	염색샴푸 시 멘트를 할 수 있다.			
	커트나 드라이 샴푸 시 멘트를 할 수 있다.			
	샴푸 후 시술 자리로 안내할 수 있다.			

Lesson 4

시술에 따른 응대 서비스[1]

1) 커트, 드라이에 따른 멘트 및 동선

(1) 커트, 드라이 고객 맞이하기

- 고객님 안녕하십니까!
- 무엇을 도와 드릴까요?
- "커트하고 싶어서 왔습니다."
- 네, 고객님!
- 오늘 처음 방문하셨나요? 혹시 예약하셨는지요?
- 네, 오늘 처음 방문하셨군요.
- 혹시 소개받으신 디자이너선생님이 있으신지요?
- "○○○디자이너에게 하고 싶은데요."
- 네, 잠시만 대기석에서 기다리시면 ○○○디자이너선생님 오늘 일정 확인 후에 안내드리겠습니다.
- "없는데요."
- 네, 없으시군요.
- 잠시만 대기석에서 기다리시면 오늘 일정 확인 후에 곧 안내드리겠습니다.

---

1) 성호용(2016). 미용실전서비스. 훈민사. pp.105-132.

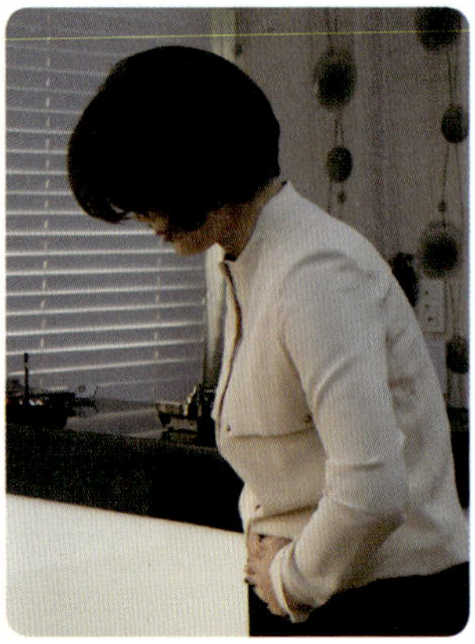

고객 맞이 인사하기

① 아이 콘택하기
② 안녕하십니까! 멘트
③ 보통례로 인사

대기석 착석 안내하기

① 신규 또는 예약 고객 확인하기
② 소개받았거나 기존에 하던 디자이너 선생님 확인하기
③ 대기석으로 안내하기

tip

고객의 마음을 사로잡는 인사방법

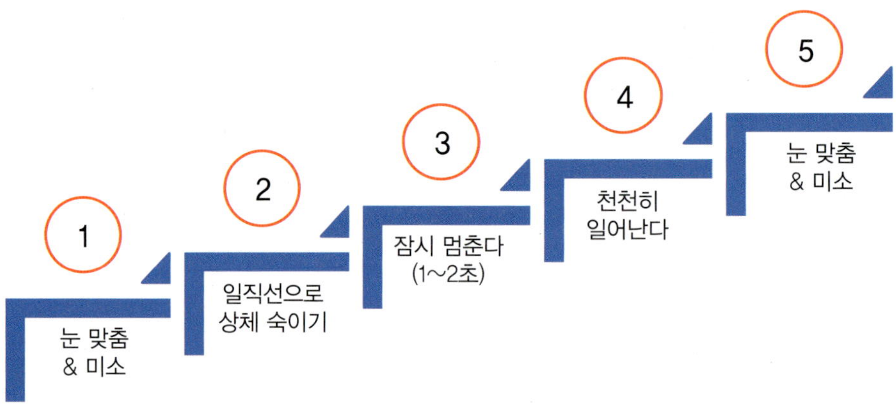

커트, 드라이 고객 맞이하기

상호 실습으로 고객 입장하기, 고객 맞이하여 신규 / 예약 / 기존 고객인지 확인하기, 하고 싶은 디자이너 선생님이 있는지 확인하기, 대기석으로 안내하기를 실습해 본다.

앞의 고객 맞이하기를 참고하여 멘트를 작성해 본다.

고객 맞이 인사하기 사진	대기석 착석 안내하기 사진

커트, 드라이 고객 맞이하기	
멘트 작성 해 보기	
느낀점	
평가	

Chapter 2

(2) 커트, 드라이 고객 대기 응대하기

- 대기석으로 모시겠습니다.
- 이쪽에 앉으셔서 잠시만 기다려주시면 됩니다. 기다리시는 동안 준비된 음료가 있는데 무엇을 준비해 드릴까요?
- 따뜻한 커피와 녹차, 둥굴레차, 허브티 등이 있습니다. 차가운 음료를 원하셔도 준비 가능합니다.
- 네, 따뜻한 커피 준비하겠습니다.
- 따뜻한 커피드세요. 뜨거우니 조심히 드세요.
- 더 필요한 것 있으시면 말씀해 주시겠습니까?

① 쿠션 사용 안내하기

② 차 테이블 준비완료하기

③ 차 접대하기

차 접대하기

상호 실습으로 대기고객에게 쿠션 제공 및 사용 안내하기, 차 테이블이 없는 곳에는 간이 테이블 준비해 놓기, 테이블이 놓여 있다면 테이블의 책이나 이전에 사용된 것 등을 정리하기, 차 또는 음료 대접하기를 실습하고 사진 찍어 붙이고 실제 멘트를 작성해 본다.

① 쿠션 사용 안내하기 사진	② 차 테이블 준비 완료하기 사진	③ 차 접대하기 사진

대기 고객 접대하기	
멘트 작성 해 보기	
느낀점	
평가	

(3) 커트, 드라이 고객 시술 준비하기

- 고객님! 많이 기다리셨습니다.
- 지명하신 ○○○디자이너 선생님께 안내해드리겠습니다
- 시술석으로 이동할까요.
- 이쪽으로 모시겠습니다.
- 네, 이 자리에 앉으시면 됩니다.
- 커트 준비를 도와드리겠습니다.
- 드라이보를 씌워 드리겠습니다.
- 커트보를 씌워 드리겠습니다.

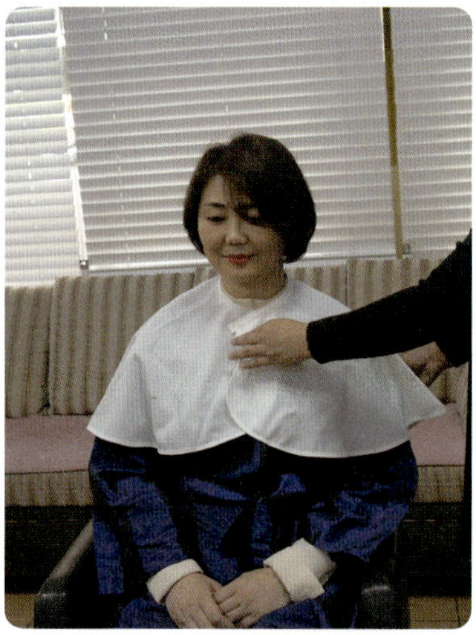

① 드라이보 씌우기

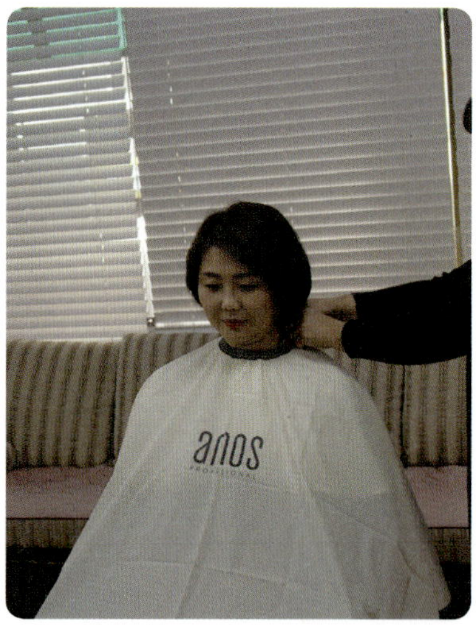

② 커트보 씌우기

시술석 안내 및 커트 준비하기

상호 실습으로 대기석에서 시술석으로 안내하기, 시술석 앉는 것을 돕는 행동에는 좌석 높이 조절하기, 회전의자가 움직이지 않도록 도와주기가 있다. 또한, 드라이보 씌우기, 커트보 씌우기, 머리카락 제거하기, 드라이보 / 커트보 벗기기를 실습하고 사진 찍어 붙이고 실제 멘트를 작성해 본다.

① 시술석 안내 모습 사진	② 시술의자 착석 돕기 사진	③ 드라이보 씌우기 사진
④ 커트보 씌우기 사진	⑤ 머리카락 제거하기 사진	⑥ 드라이보, 커트보 벗기기 사진

시술석 안내 및 커트 준비하기	
멘트 작성 해보기	
느낀점	
평가	

(4) 커트, 드라이 고객 마무리하기

커트 및 드라이가 끝난 후 얼굴과 옷 등에 묻은 머리카락, 이물질 등이 잘 제거되었는지 확인한다. 또 다른 서비스나 필요한 것이 있는지, 스타일에 대한 만족도 여부 등을 확인하고, 데스크로 안내하여 정산을 도와준다.

- 고객님, 서비스를 마쳤습니다.
- 더 필요하신 것이 있으신지요? 고객님, 스타일링은 만족하시는지요?
- "고객님, 잘 어울리십니다."라고 덕담도 해드린다.
- 고객님, 정산을 도와드리기 위해 데스크로 모시겠습니다.
- 커트와 드라이 포함하여 00,000원입니다.
- 현금으로 결제하시겠습니까? 네, 현금 오만원 받았습니다.
- 현금영수증 드릴까요?
- 잔돈과 영수증 확인해 보십시오.
- 카드로 결제 도와드리겠습니다. 카드 받았습니다.
- 카드결제 00,000원 결제하겠습니다. 결제가 완료되었습니다.
- 카드와 영수증 받으시고 확인 부탁드립니다.
- 네, 감사합니다. 또 이용바랍니다.
- 정산이 끝나면 배웅인사를 한다.
- 즐거운 시간되세요.

① 카드받기

② 카드 정산하기

③ 카드와 영수증 드리기

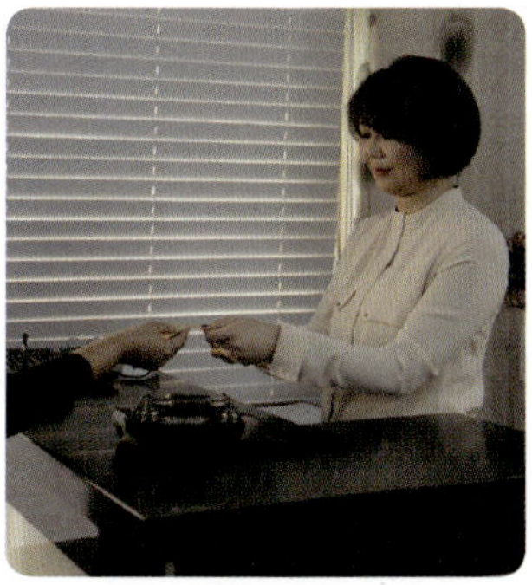

④ 현금받기

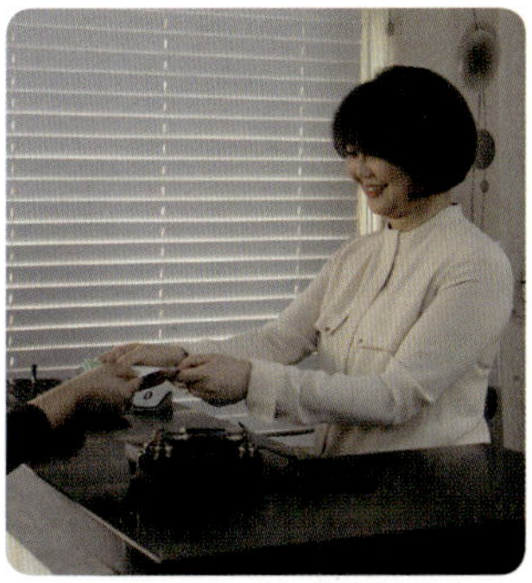

⑤ 잔돈과 영수증 드리기

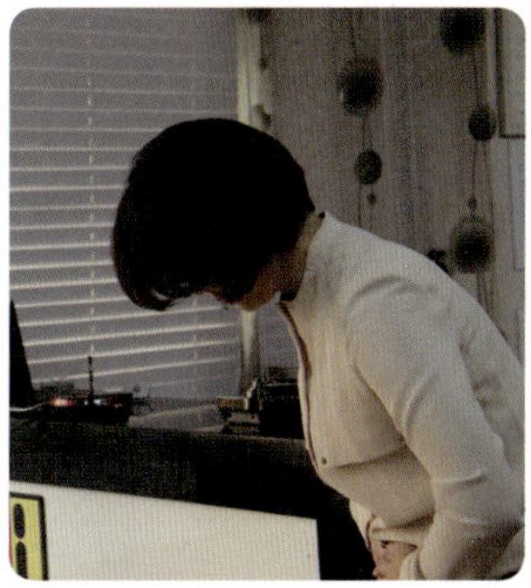

⑥ 배웅하기

상황에 맞는 고객응대 멘트 작성하기	
① 카드받기	
② 카드 정산하기	
③ 카드와 영수증 드리기	
④ 현금받기	
⑤ 잔돈과 영수증 드리기	
⑥ 배웅하기	

커트, 드라이 마무리하기

상호 실습으로 안내데스크로 이동안내하기, 현금결제, 카드결제, 포인트 적립, 배웅으로 마무리하기 등의 과정에 생각열기로 역할을 연기하여 사진 찍어 붙이고 멘트를 작성해 본다.

① 카드받기	② 카드 정산하기	③ 카드와 영수증 드리기
④ 현금받기	⑤ 잔돈과 영수증 드리기	⑥ 배웅하기

커트, 드라이 마무리하기	
멘트 작성 해 보기	
느낀점	
평가	

커트, 드라이 고객 응대 동선

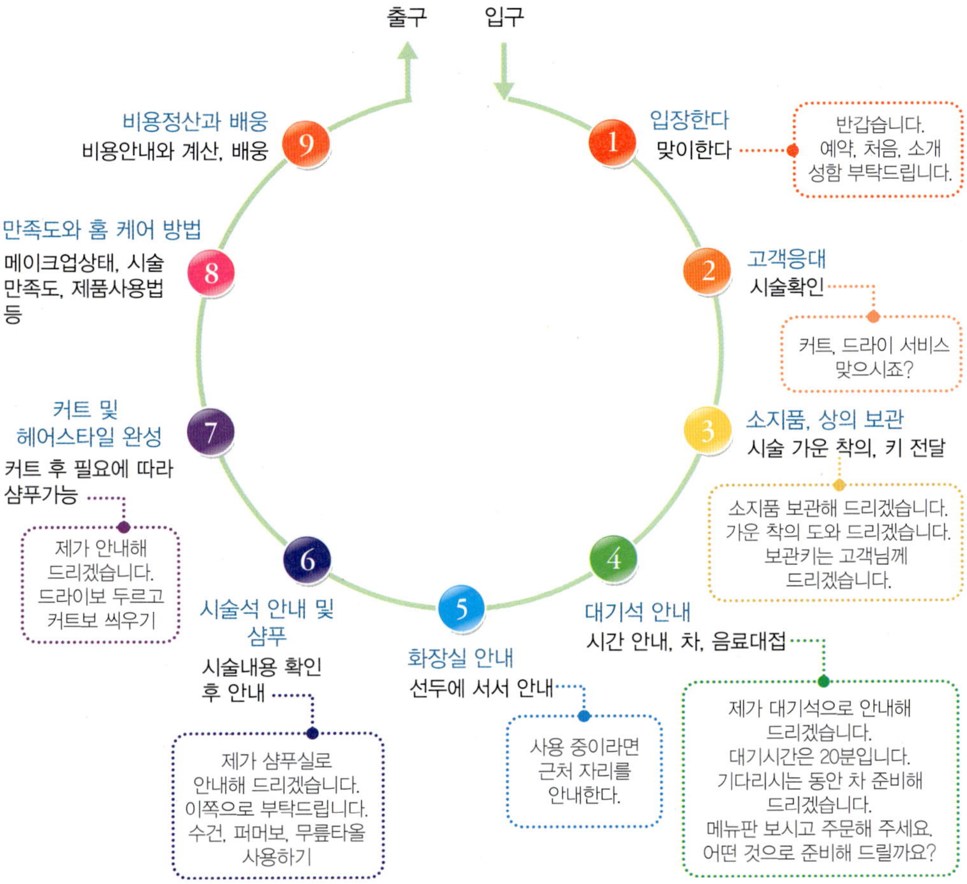

Chapter 2

시술 응대 서비스 셀프체크리스트

학습내용	평가내용	자기평가		
		미흡	보통	우수
고객 맞이	커트 또는 드라이 고객맞이 안내 멘트를 할 수 있다.			
대기 응대	커트 또는 드라이 고객에게 자리를 안내할 수 있다.			
	커트 또는 드라이 고객에게 차에 대한 안내를 할 수 있다.			
	뜨거운 차와 차가운 차에 대한 적절한 안내를 할 수 있다.			
시술 응대	고객을 디자이너 선생님께 안내할 수 있다.			
	고객에게 커트보 또는 드라이보를 씌워줄 수 있다.			
고객 마무리	서비스를 마친 고객에게 정산을 도와줄 수 있다.			
	커트 또는 드라이 고객응대 동선을 파악할 수 있다.			

2) 퍼머에 따른 멘트 및 동선

(1) 퍼머 고객 맞이하기

- 고객님, 안녕하십니까!
- 무엇을 도와 드릴까요?
- "퍼머하고 싶은데요." 또는 "퍼머하려구요." 등등
- 네, 고객님!
- 오늘 처음 방문하셨나요? 혹시 예약하셨는지요?
- 네, 오늘 처음 방문하셨군요.
- 혹시 소개받으신 디자이너선생님이 있으신지요?
- "○○○디자이너에게 하고 싶은데요."
- 네, 잠시만 대기석에서 기다리시면 ○○○디자이너선생님 오늘 일정 확인 후에 안내드리겠습니다.
- 네, 예약 확인해 보고 안내드리겠습니다.
- 네, 고객님 ○○시에 퍼머예약 확인됩니다.
- 원하시는 디자이너선생님 계신지요?
- "없는데요."
- 네, 없으시군요.
- 네, 그럼 어떤 선생님이 담당하실지 확인하고 바로 모시겠습니다.
- 잠시만 대기석에서 기다리시면 오늘 일정 확인 후에 곧 안내드리겠습니다.

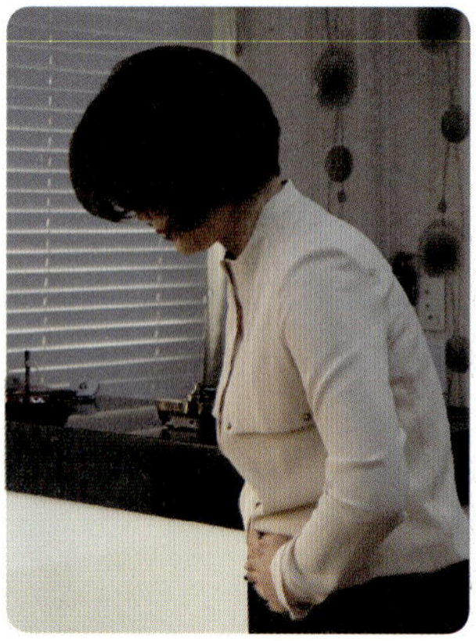

고객 맞이 인사하기

대기석 착석 안내하기

상황에 맞는 고객응대 멘트 작성하기	
고객방문	
고객응대	
방향 안내	
동선 안내	
대기실 안내	
비고	

퍼머 고객 맞이하기

상호 실습으로 고객 입장하기. 고객 맞이하여 신규 / 예약 / 기존 고객인지 확인, 하고 싶은 디자이너 선생님이 있는지 확인, 대기석으로 안내하기 등의 멘트를 스텝 입장에서 만들고 실습해 본다.

실습 상황은 아래 내용으로 적용하여 상호 실습한다.

① 보통례로 인사하기 사진	② 예약고객 안내하기 사진
③ 대기석으로 안내하기 사진	④ 착석 안내하기 사진

퍼머 고객 맞이하기	
멘트 작성 해 보기	
느낀점	
평가	

Chapter 2

(2) 퍼머 대기고객 응대하기

- 대기석으로 모시겠습니다.
- 이쪽에 앉으셔서 잠시만 기다려주시면 됩니다. 기다리시는 동안 준비된 음료가 있는데 뭘 준비해 드릴까요?
- 따뜻한 커피와 녹차, 둥굴레차, 허브티 등이 있습니다. 차가운 음료를 원하셔도 준비 가능합니다.
- 네, 따뜻한 커피 준비하겠습니다.
- 따뜻한 커피드세요. 뜨거우니 조심히 드세요.
- 더 필요한 것 있으시면 말씀해 주시겠습니까?
- 기다리는 시간 볼 것을 드릴까요?
- "네, 잡지나 책을 주세요."
- 네, 바로 준비해 드리겠습니다.
- 고객님, 여기 책 드리겠습니다.
- 책 보시며 차나 음료 필요하시면 말씀해 주세요.
- 다른 것 필요한 것 있으시면 말씀해 주세요.

① 쿠션 제공하기

② 차 접대하기

③ 책 제공하기

퍼머 대기고객 응대하기

상호 실습으로 처음 내방한 고객에게는 대기 시 고객 카드를 작성하도록 안내한다. 또한 쿠션 제공 및 사용안내하기, 책이나 잡지 제공하기, 차 테이블이 없는 곳에는 간이 테이블 준비해 놓기, 테이블이 놓여 있다면 테이블의 책이나 이전에 사용된 것 등을 정리하기, 차 또는 음료 대접하기를 실습하고 사진 찍어 붙이고 실제 멘트를 작성해본다.

① 쿠션 사용 안내 사진	② 차나 책 접대하기 사진	③ 고객 카드 작성하기 사진

퍼머 대기고객 응대하기	
멘트 작성 해 보기	
느낀점	
평가	

Chapter 2

(3) 퍼머 고객 시술 준비하기

- 고객님! 많이 기다리셨습니다.
- 지명하신 ○○○디자이너 선생님께 안내해드리겠습니다
- 그 전에 소지품과 외투를 보관해드리고 가운으로 갈아입으러 보관함 쪽으로 이동하시겠습니다. 저와 함께 가시겠습니다. 여기입니다
- 가방이나 소지품 보관할 것 있으시면 주시겠습니까? 외투주시겠습니까?
- 네, 가방과 외투 보관해드리겠습니다.
- 가운 착용 도와드리겠습니다.
- 가운 입기 쉽게 양팔을 조금만 벌려주시겠습니까.
- 네, 팔을 끼워주세요.
- 가운 묶어드릴까요
- 네, 시술석으로 이동하시겠습니다.
- 이쪽으로 모시겠습니다. 네, 이 자리에 앉으시면 됩니다.
- 퍼머 준비를 도와드리겠습니다.
- 수건을 씌워 드리겠습니다.
- 퍼머보를 씌워 드리겠습니다. 준비 다되었습니다. 디자이너선생님 오셔서 퍼머 해주실 것입니다. 잠시만 기다려 주십시오.

① 소지품 받기

② 소지품 보관하기

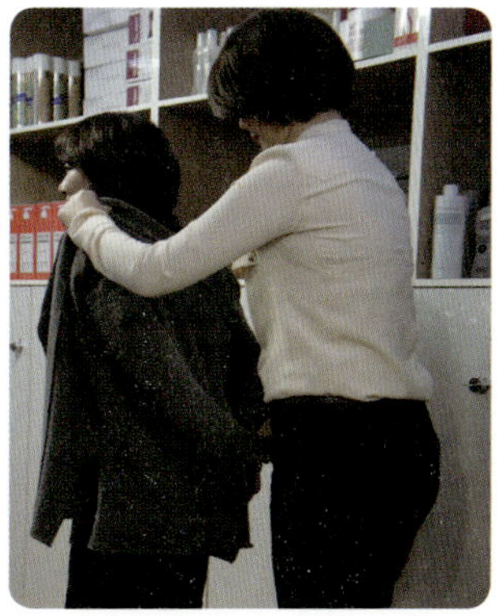

③ 외투 탈의 돕기

④ 외투 보관하기

⑤ 사물함 잠그기

⑥ 사물함 열쇠 드리기

⑦ 가운 입히기 1

⑧ 가운 입히기 2

⑨ 가운 입히기 3

Chapter 2

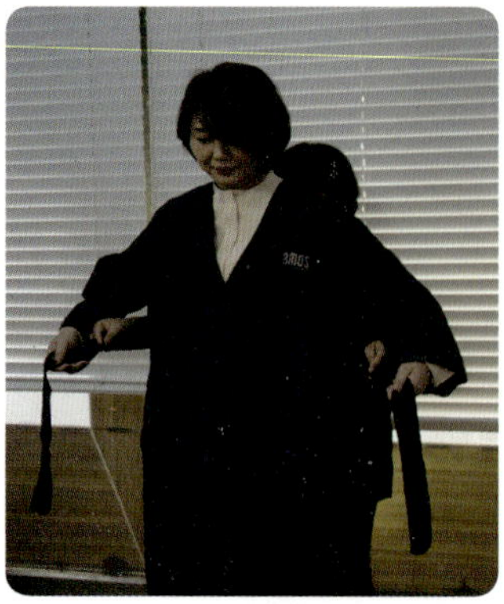
⑩ 가운 입히기 4

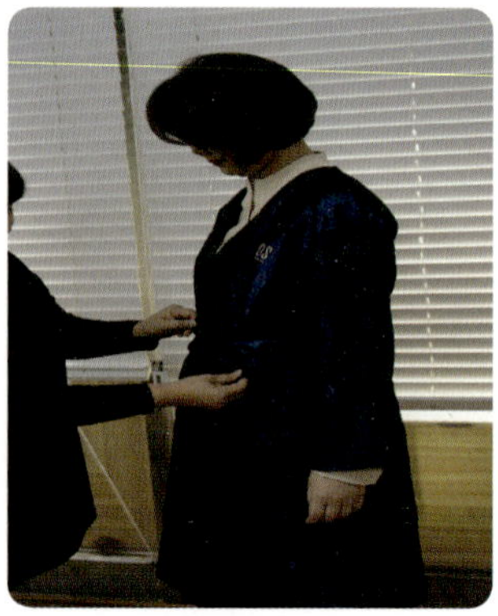
⑪ 가운 입히기 5

⑫ 시술석으로 안내하기

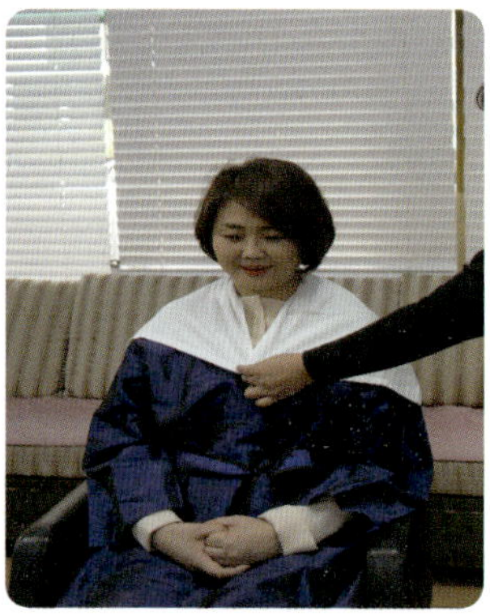
⑬ 수건 씌우기

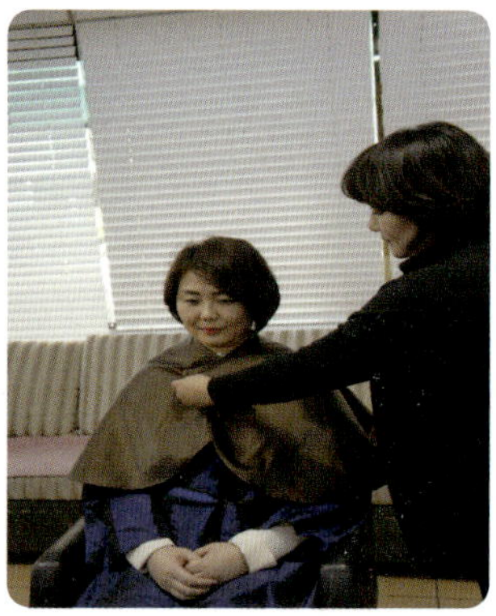
⑭ 퍼머보 씌워주기

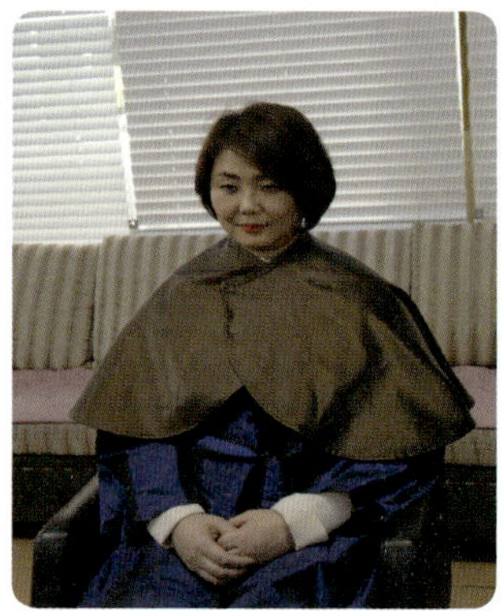
⑮ 퍼머보 씌우기 완성

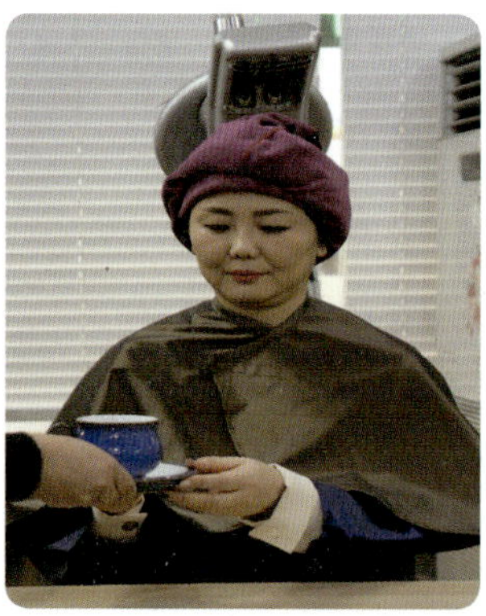
⑯ 퍼머열처리 시간에 차 대접하기

⑰ 퍼머열처리 시 책 제공하기

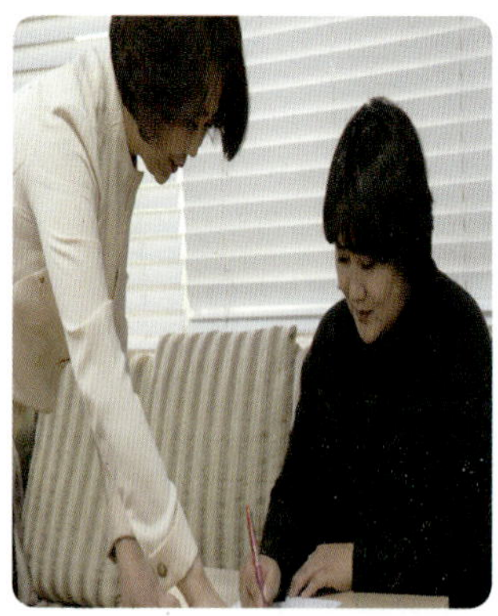
⑱ 대기 시 신규 고객 카드작성하기

시술석 안내 및 퍼머 준비하기

상호 실습을 반복적으로 연습하기, 대기석에서 시술석으로 안내하기, 시술석 앉는 것 돕기, 좌석 높이 사전 조절하기, 회전의자가 움직이지 않도록 잡아주기, 수건 씌우기, 퍼머보 씌우기를 실습하고 사진 찍어 붙이고 실제 멘트를 작성해 본다.

생각열기와 멘트하는 것이 반복적으로 익숙하지 않으면 생각보다 힘들다. 여러분들이 입에서 저절로 나올 수 있을 때까지 반복연습하면 전문가가 될 수 있다.

친구들과 고객과 스텝의 역할연기로 사진을 찍으며 서로 친밀해지기를 기대한다.

신규 고객의 고객 카드를 작성하기에는 시술 전 대기 시간이 길 때, 퍼머와인딩 뒤 열처리하거나 자연방치 시간에 작성하는 것이 좋다.

Chapter 2

① 소지품 받기	② 소지품 보관하기	③ 외투 탈의 돕기
④ 외투 보관하기	⑤ 사물함 잠그기	⑥ 사물함 열쇠 드리기
⑦ 가운 입히기 1	⑧ 가운 입히기 2	⑨ 가운 입히기 3

⑩ 가운 입히기 4	⑪ 가운 입히기 5	⑫ 시술석으로 안내하기
⑬ 수건 씌우기	⑭ 퍼머보 씌워주기	⑮ 퍼머보 씌우기 완성
⑯ 퍼머열처리 시간에 차 대접하기	⑰ 퍼머열처리 시 책 제공하기	⑱ 대기 시 신규 고객 카드작성하기

시술석 안내 및 퍼머 준비하기	
멘트 작성 해 보기	
느낀점	
평가	

(4) 퍼머 고객 마무리하기

퍼머가 끝나고 나면 얼굴과 옷 등에 묻은 머리카락, 이물질 등이 잘 제거되었는지 확인한다. 또 다른 서비스나 필요한 것이 있는지, 스타일에 대한 만족도 여부, 홈 케어 방법과 제품사용방법 등을 설명하고 데스크로 안내하여 정산을 도와준다.

- 고객님, 퍼머 서비스를 마쳤습니다.
- 더 필요하신 것이 있으신지요? 고객님, 스타일링은 만족하시는지요?
- "고객님, 잘 어울리십니다."라고 덕담도 해드린다.
- 고객님 정산을 도와드리기 위해 데스크로 모시겠습니다.
- 퍼머요금은 000,000원입니다.
- 현금으로 결제하시겠습니까? 네, 현금 십만원 받았습니다.
- 잔돈과 영수증 확인해 보십시오.
- 카드로 결제 도와드리겠습니다. 카드 받았습니다.
- 카드결제 000,000원 결제하겠습니다. 오만원 이상은 서명 부탁드립니다.
- 결제가 완료되었습니다. 카드와 영수증 받으시고 확인 부탁드립니다.
- 네, 감사합니다. 또 이용바랍니다.
- 정산이 끝나면 배웅인사를 한다.
- 즐거운 시간되세요.

① 카드받기

② 카드 정산하기

③ 카드와 영수증 드리기

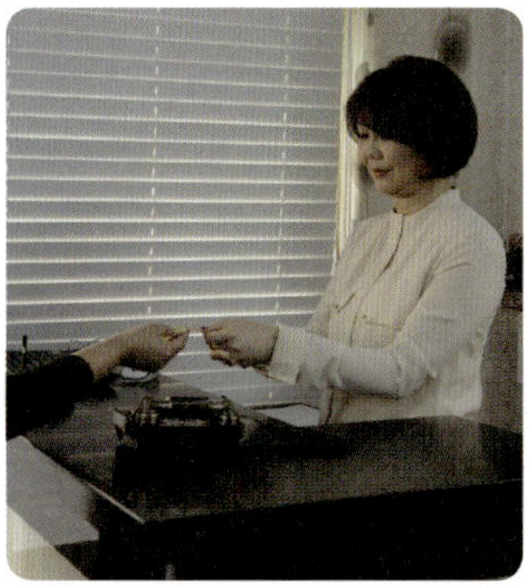

④ 현금받기

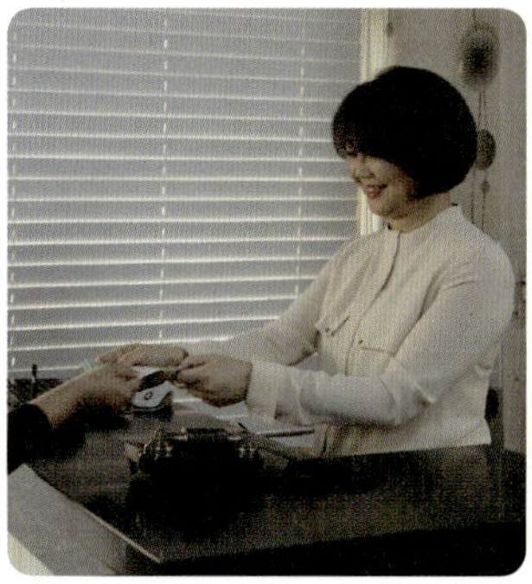

⑤ 잔돈과 영수증 드리기

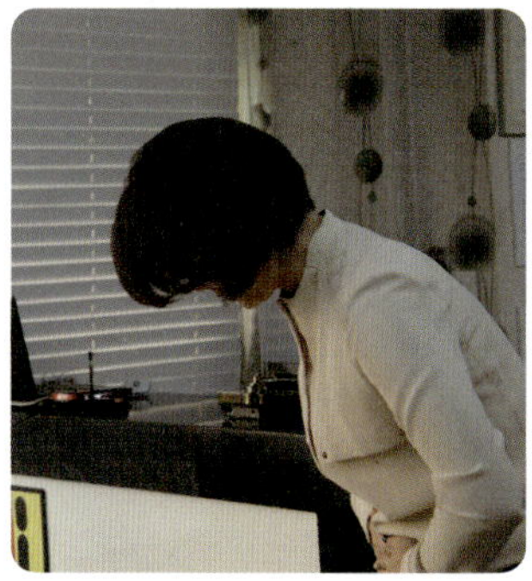

⑥ 배웅하기

퍼머 고객 마무리하기

상호 실습으로 안내데스크로 이동안내하기, 현금결제할지, 카드결제할지, 포인트 적립할지, 배웅으로 마무리하기 등의 과정에 생각열기로 역할을 연기하여 사진 찍어 붙이고 멘트를 작성해 본다.

① 카드받기	② 카드 정산하기	③ 카드와 영수증 드리기
④ 현금받기	⑤ 잔돈과 영수증 드리기	⑥ 배웅하기

퍼머 고객 마무리하기	
멘트 작성 해 보기	
느낀점	
평가	

퍼머 고객 응대 동선

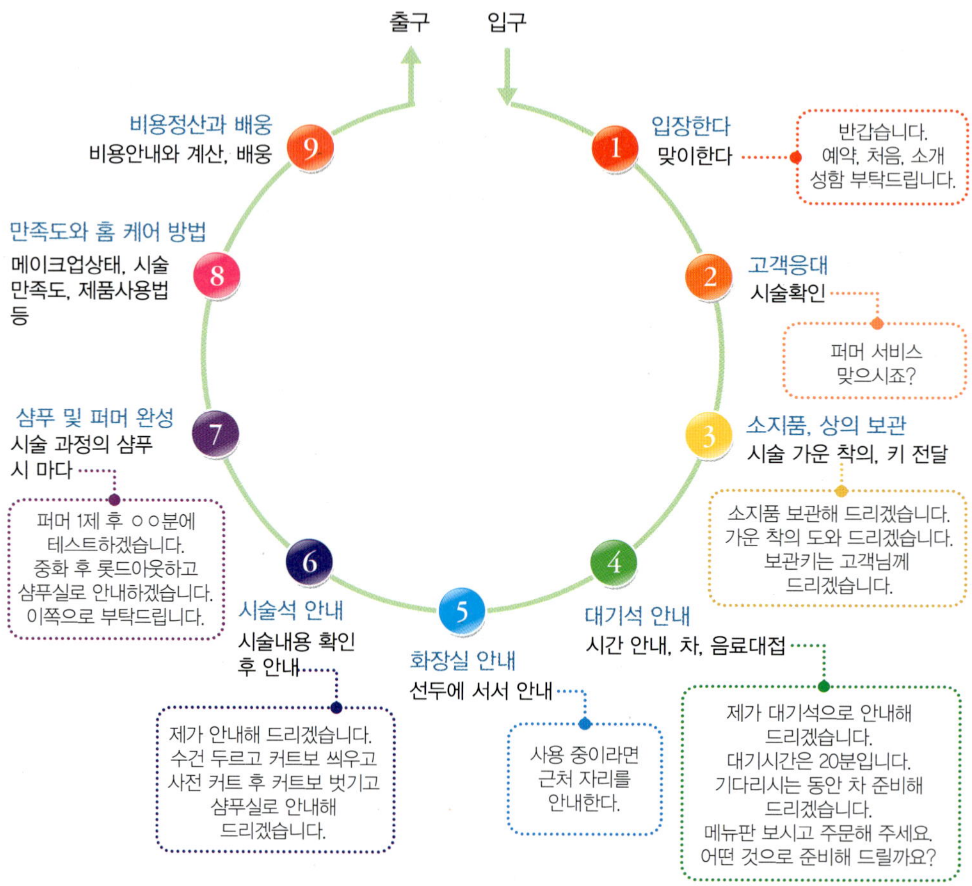
출구
입구
1
입장한다
맞이한다
반갑습니다.
예약, 처음, 소개
성함 부탁드립니다.
2
고객응대
시술확인
퍼머 서비스
맞으시죠?
3
소지품, 상의 보관
시술 가운 착의, 키 전달
소지품 보관해 드리겠습니다.
가운 착의 도와 드리겠습니다.
보관키는 고객님께
드리겠습니다.
4
대기석 안내
시간 안내, 차, 음료대접
제가 대기석으로 안내해
드리겠습니다.
대기시간은 20분입니다.
기다리시는 동안 차 준비해
드리겠습니다.
메뉴판 보시고 주문해 주세요.
어떤 것으로 준비해 드릴까요?
5
화장실 안내
선두에 서서 안내
사용 중이라면
근처 자리를
안내한다.
6
시술석 안내
시술내용 확인
후 안내
제가 안내해 드리겠습니다.
수건 두르고 커트보 씌우고
사전 커트 후 커트보 벗기고
샴푸실로 안내해
드리겠습니다.
7
샴푸 및 퍼머 완성
시술 과정의 샴푸
시 마다
퍼머 1제 후 ㅇㅇ분에
테스트하겠습니다.
중화 후 롯드아웃하고
샴푸실로 안내하겠습니다.
이쪽으로 부탁드립니다.
8
만족도와 홈 케어 방법
메이크업상태, 시술
만족도, 제품사용법
등
9
비용정산과 배웅
비용안내와 계산, 배웅

시술 응대 서비스 셀프체크리스트

<table>
<tr><th rowspan="2">학습내용</th><th rowspan="2">평가내용</th><th colspan="3">자기평가</th></tr>
<tr><th>미흡</th><th>보통</th><th>우수</th></tr>
<tr><td>고객 맞이</td><td>고객맞이 안내 멘트를 할 수 있다.</td><td></td><td></td><td></td></tr>
<tr><td rowspan="4">대기 응대</td><td>고객에게 자리를 안내할 수 있다.</td><td></td><td></td><td></td></tr>
<tr><td>고객의 가운 착용을 도울 수 있다.</td><td></td><td></td><td></td></tr>
<tr><td>고객에게 차에 대한 안내를 할 수 있다.</td><td></td><td></td><td></td></tr>
<tr><td>뜨거운 차와 차가운 차에 대한 적절한 안내를 할 수 있다.</td><td></td><td></td><td></td></tr>
<tr><td rowspan="3">시술 응대</td><td>고객을 디자이너 선생님께 안내할 수 있다.</td><td></td><td></td><td></td></tr>
<tr><td>고객에게 수건과 퍼머보를 씌워줄 수 있다.</td><td></td><td></td><td></td></tr>
<tr><td>열처리 시 음료나 책을 제공할 수 있다.</td><td></td><td></td><td></td></tr>
<tr><td rowspan="2">고객 마무리</td><td>서비스를 마친 고객에게 정산을 도와줄 수 있다.</td><td></td><td></td><td></td></tr>
<tr><td>퍼머 고객의 응대 동선을 파악할 수 있다.</td><td></td><td></td><td></td></tr>
</table>

Chapter 2

3) 염색에 따른 멘트 및 동선

(1) 염색 고객 맞이하기

- 고객님, 안녕하십니까!
- 무엇을 도와 드릴까요?
- "염색하고 싶은데요." 또는 "새치 커버하려구요." 등등
- 네, 고객님!
- 오늘 처음 방문하셨나요? 혹시 예약하셨는지요?
- 네, 오늘 처음 방문하셨군요.
- 혹시 소개받으신 디자이너선생님이 있으신지요?
- "○○○디자이너에게 하고 싶은데요."
- 네, 잠시만 대기석에서 기다리시면 ○○○디자이너선생님 오늘 일정 확인 후에 안내드리겠습니다.
- 네, 예약 확인해 보고 안내드리겠습니다.
- 네, 고객님 ○○시에 염색예약 확인됩니다.
- 원하시는 디자이너선생님 계신지요?
- "없는데요."
- 네, 없으시군요.
- 네, 그럼 어떤 선생님이 담당하시는지 확인하고 바로 모시겠습니다.
- 잠시만 대기석에서 기다리시면 오늘 일정 확인 후에 곧 안내드리겠습니다.

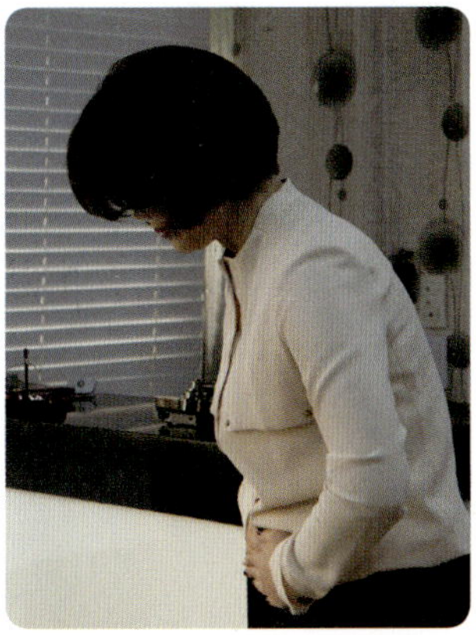

고객 맞이 인사하기

대기석 착석 안내하기

Chapter 2

상황에 맞는 고객응대 멘트 작성하기	
고객방문	
고객응대	
방향 안내	
동선 안내	
대기실 안내	
비고	

염색 고객 맞이하기

상호 실습으로 고객 입장하기, 고객 맞이하여 신규 / 예약 / 기존 고객인지 확인하기, 하고 싶은 디자이너 선생님이 있는지 확인하기, 대기석으로 안내하기 등의 멘트를 스텝 입장에서 만들고 실습해 보자.

실습 상황은 다음 내용으로 적용한다.

① 보통례로 인사하기 사진	② 예약고객 안내하기 사진
③ 대기석으로 안내하기 사진	④ 착석 안내하기 사진

염색 고객 맞이하기	
멘트 작성 해 보기	
느낀점	
평가	

(2) 염색 대기고객 응대하기

- 대기석으로 모시겠습니다.
- 이쪽에 앉으셔서 잠시만 기다려주시면 됩니다. 기다리시는 동안 준비된 음료가 있는데 뭘 준비해 드릴까요?
- 따뜻한 커피와 녹차, 둥굴레차, 허브티 등이 있습니다. 차가운 음료를 원하셔도 준비 가능합니다.
- 네, 따뜻한 커피 준비하겠습니다.
- 따뜻한 커피드세요. 뜨거우니 조심히 드세요.
- 더 필요한 것 있으시면 말씀해 주시겠습니까?
- 기다리는 시간 볼 것을 드릴까요?
- "네, 잡지나 책을 주세요."
- 네, 바로 준비해 드리겠습니다.
- 고객님, 여기 책 드리겠습니다.
- 책 보시며 차나 음료 필요하시면 말씀해 주세요.
- 다른 것 필요한 것 있으시면 말씀해 주세요.

① 쿠션 제공하기

② 차 접대하기

③ 책 제공하기

Chapter 2

염색 대기고객 응대하기

상호 실습으로 처음 내방한 고객에게는 대기 시 고객 카드를 작성하도록 안내한다. 또한 쿠션 제공 및 사용안내하기, 책이나 잡지 제공하기, 차 테이블이 없는 곳에는 간이 테이블 준비해 놓기, 테이블이 놓여 있다면 테이블의 책이나 이전에 사용된 것 등을 정리하기, 차 또는 음료 대접하기를 실습하고 사진 찍어 붙이고 실제 멘트를 작성해 본다.

스텝이 하는 여러 가지 일들이 자연스러워지도록 반복훈련한다.

① 쿠션 사용 안내 사진	② 차나 책 접대하기 사진	③ 신규 고객 카드 작성하기 사진

염색 대기고객 응대하기	
멘트 작성 해 보기	
느낀점	
평가	

(3) 염색 고객 시술 준비하기

- 고객님! 많이 기다리셨습니다.
- 지명하신 ○○○디자이너 선생님께 안내해드리겠습니다
- 그 전에 소지품과 외투를 보관해드리고 가운으로 갈아입으러 보관함 쪽으로 이동하시겠습니다. 제가 모시겠습니다. 이쪽으로 이동하시겠습니다. 여기입니다
- 가방이나 소지품 보관할 것 있으시면 주시겠습니까? 외투주시겠습니까?
- 네, 가방과 외투 보관해드리겠습니다.
- 가운 착용 도와드리겠습니다.
- 가운 입기 쉽게 양팔을 조금만 벌려주시겠습니까.
- 네, 팔을 끼워주세요.
- 가운 묶어드릴까요.
- 네, 시술석으로 이동하시겠습니다.
- 이쪽으로 모시겠습니다. 네, 이 자리에 앉으시면 됩니다.
- 염색 준비를 도와드리겠습니다.
- 수건을 씌워 드리겠습니다.
- 염색보를 씌워 드리겠습니다. 준비 다 되었습니다. 디자이너선생님 오셔서 염색 해주실 것입니다. 잠시만 기다려 주십시오.
- 원하시는 컬러가 있으신지요?
- 색상 차트 준비해드리겠습니다.

① 소지품 받기

② 소지품 보관하기

③ 외투 탈의 돕기

④ 외투 보관하기

⑤ 사물함 잠그기

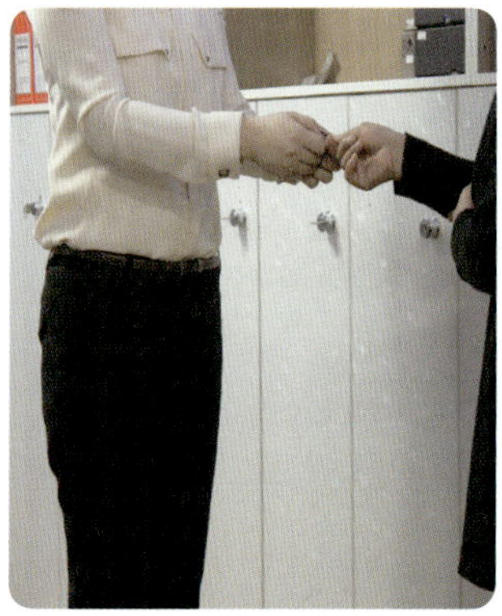
⑥ 사물함 열쇠 드리기

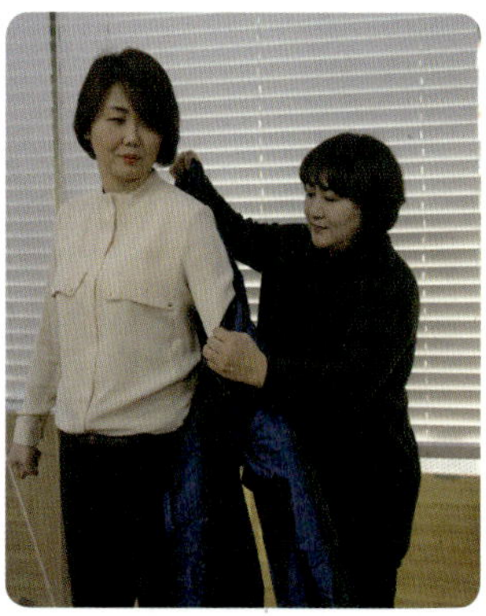
⑦ 가운 입히기 1

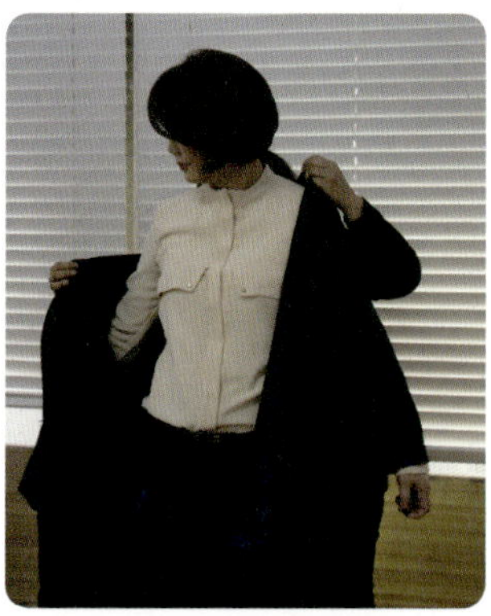
⑧ 가운 입히기 2

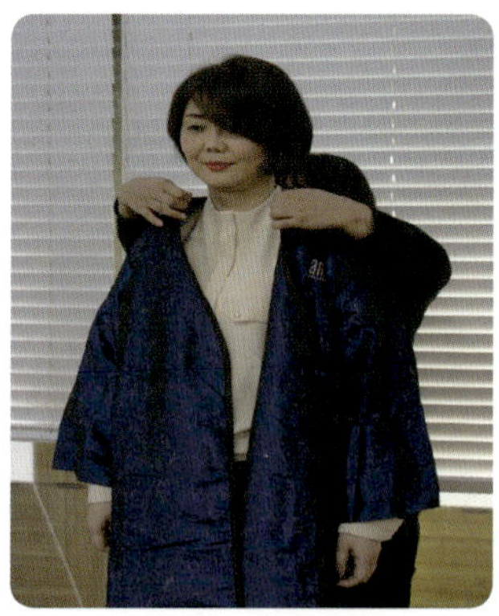
⑨ 가운 입히기 3

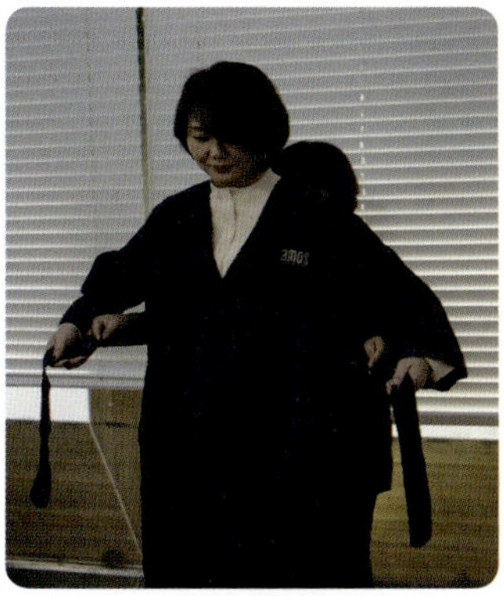

⑩ 가운 입히기 4

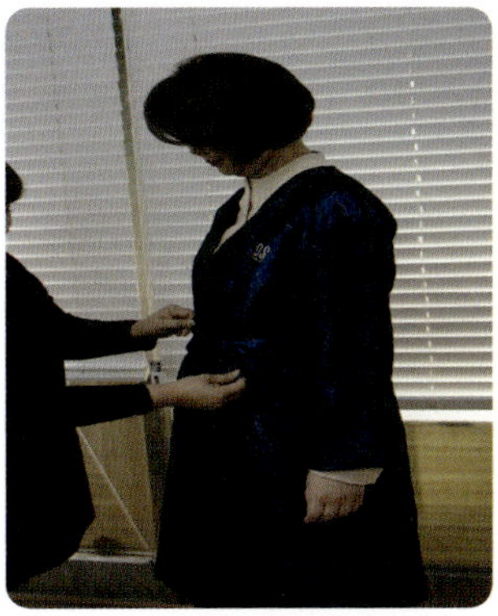

⑪ 가운 입히기 5

⑫ 시술석으로 안내하기

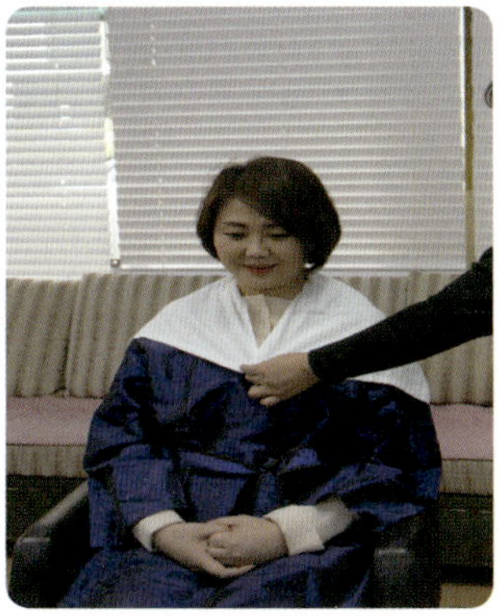

⑬ 수건 씌우기

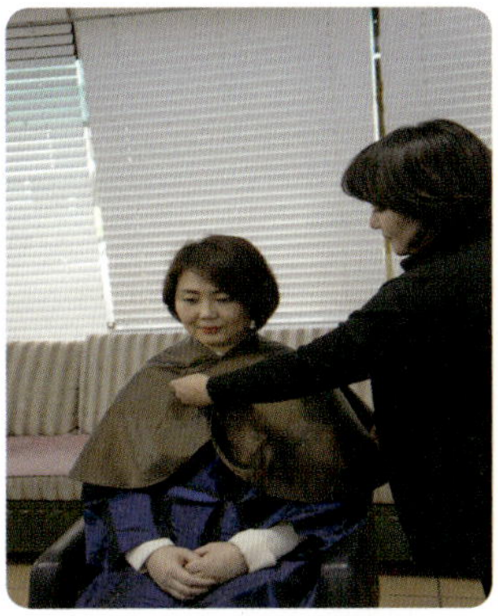

⑭ 염색보 씌워주기

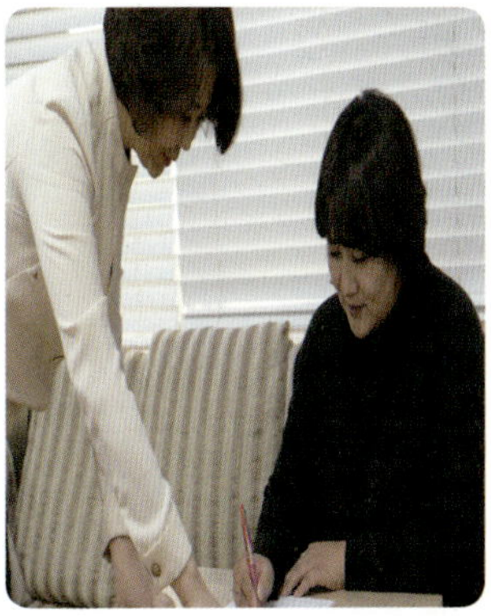

⑮ 신규 고객 카드 작성하기

시술석 안내 및 염색 준비하기

상호 실습으로 대기석에서 시술석으로 안내하기, 시술석 앉는 것 돕는 행동에는 좌석 높이 조절하기, 회전의자가 움직이지 않도록 도와주기가 있다. 수건 씌우기, 퍼머보 씌우기를 실습하고 사진 찍어 붙이고 실제 멘트를 작성해 본다.

① 소지품 받기	② 소지품 보관하기	③ 외투 탈의 돕기
④ 외투 보관하기	⑤ 사물함 잠그기	⑥ 사물함 열쇠 드리기
⑦ 가운 입히기 1	⑧ 가운 입히기 2	⑨ 가운 입히기 3

Chapter 2

⑩ 가운 입히기 4	⑪ 가운 입히기 5	⑫ 시술석으로 안내하기
⑬ 수건 씌우기	⑭ 염색보 씌워주기	⑮ 신규 고객 카드 작성하기

시술석 안내 및 염색 준비하기	
멘트 작성 해 보기	
느낀점	
평가	

(4) 염색 고객 마무리하기

염색이 끝나고 나면 얼굴과 옷 등에 묻은 머리카락, 이물질 등이 잘 제거되었는지 확인한다. 또 다른 서비스나 필요한 것이 있는지 스타일에 대한 만족도 여부, 홈 케어 방법과 제품사용방법 등을 설명하고 데스크로 안내하여 정산을 도와준다.

- 고객님, 염색 서비스를 마쳤습니다.
- 더 필요하신 것이 있으신지요? 고객님, 헤어스타일은 만족하시는지요?
- "고객님, 잘 어울리십니다."라고 덕담도 해드린다.
- 고객님, 정산을 도와드리기 위해 데스크로 모시겠습니다.
- 염색 요금은 000,000원입니다.
- 현금으로 결제하시겠습니까? 네, 현금 십만원 받았습니다.
- 현금영수증 드릴까요?
- 잔돈과 영수증 확인해 보십시오.
- 카드로 결제 도와드리겠습니다. 카드 받았습니다.
- 카드결제 000,000원 결제하겠습니다. 오만원 이상은 서명 부탁드립니다.
- 결제가 완료되었습니다. 카드와 영수증 받으시고 확인 부탁드립니다.
- 네, 감사합니다. 또 이용바랍니다.
- 정산이 끝나면 배웅인사를 한다.
- 즐거운 시간되세요.

① 카드받기

② 카드 정산하기

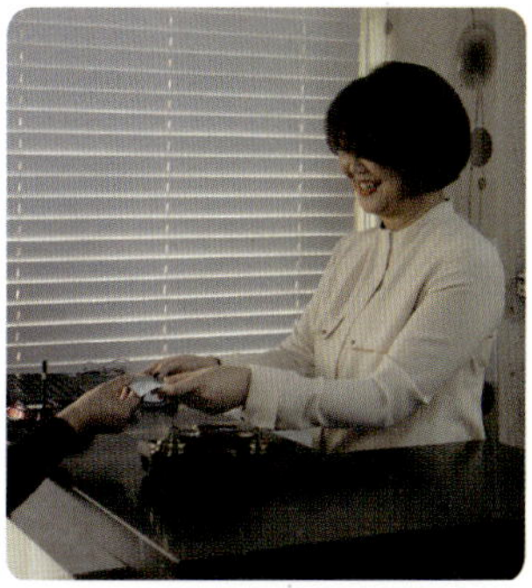

③ 카드와 영수증 드리기

④ 현금받기

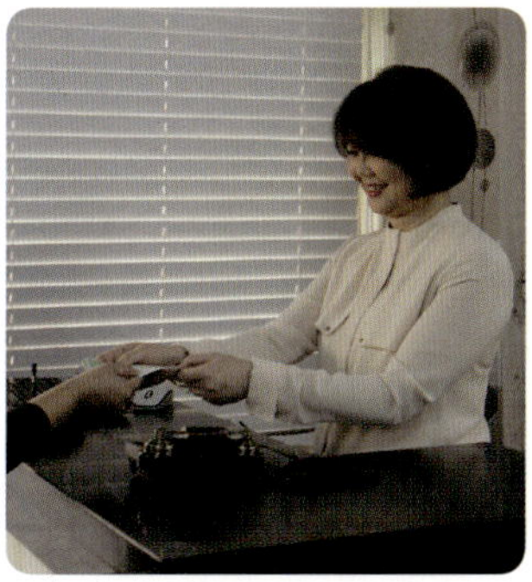

⑤ 잔돈과 영수증 드리기

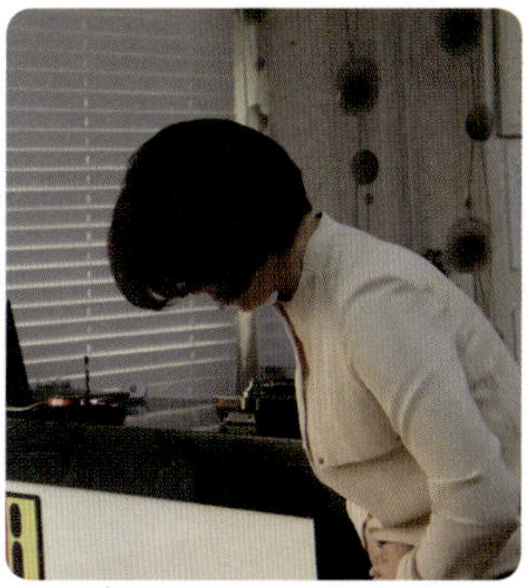

⑥ 배웅하기

염색 고객 마무리하기

상호 실습으로 안내데스크로 이동안내하기, 현금결제 할지, 카드결제할지, 포인트 적립할지, 배웅으로 마무리하기 등의 과정에 생각열기로 역할을 연기하여 사진 찍어 붙이고 멘트를 작성해 본다.

① 카드받기	② 카드 정산하기	③ 카드와 영수증 드리기
④ 현금받기	⑤ 잔돈과 영수증 드리기	⑥ 배웅하기

염색 고객 마무리하기	
멘트 작성 해 보기	
느낀점	
평가	

염색 고객 응대 동선

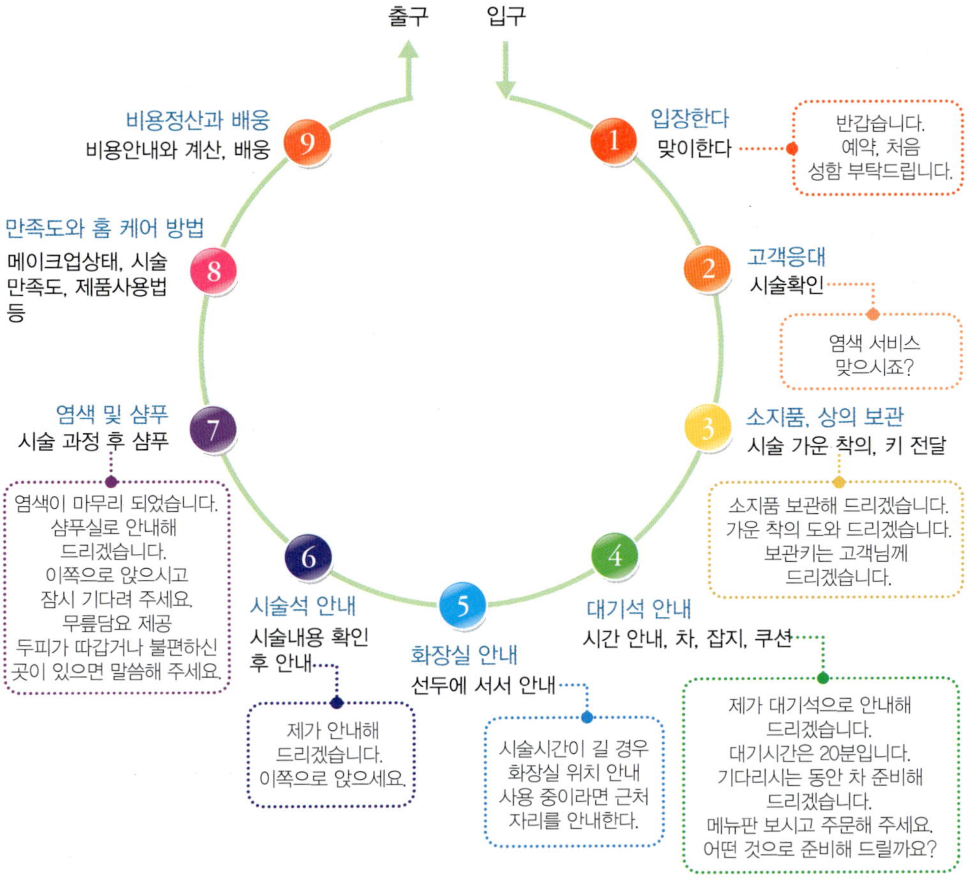

출구
입구
1 입장한다
맞이한다
반갑습니다.
예약, 처음
성함 부탁드립니다.
2 고객응대
시술확인
염색 서비스
맞으시죠?
3 소지품, 상의 보관
시술 가운 착의, 키 전달
소지품 보관해 드리겠습니다.
가운 착의 도와 드리겠습니다.
보관키는 고객님께
드리겠습니다.
4 대기석 안내
시간 안내, 차, 잡지, 쿠션
제가 대기석으로 안내해
드리겠습니다.
대기시간은 20분입니다.
기다리시는 동안 차 준비해
드리겠습니다.
메뉴판 보시고 주문해 주세요.
어떤 것으로 준비해 드릴까요?
5 화장실 안내
선두에 서서 안내
시술시간이 길 경우
화장실 위치 안내
사용 중이라면 근처
자리를 안내한다.
6 시술석 안내
시술내용 확인
후 안내
제가 안내해
드리겠습니다.
이쪽으로 앉으세요.
7 염색 및 샴푸
시술 과정 후 샴푸
염색이 마무리 되었습니다.
샴푸실로 안내해
드리겠습니다.
이쪽으로 앉으시고
잠시 기다려 주세요.
무릎담요 제공
두피가 따갑거나 불편하신
곳이 있으면 말씀해 주세요.
8 만족도와 홈 케어 방법
메이크업상태, 시술
만족도, 제품사용법
등
9 비용정산과 배웅
비용안내와 계산, 배웅

시술 응대 서비스 셀프체크리스트

학습내용	평가내용	자기평가		
		미흡	보통	우수
고객 맞이	고객 맞이 안내 멘트를 할 수 있다.			
대기 응대	고객에게 자리를 안내할 수 있다.			
	고객의 가운 착용을 도울 수 있다.			
	고객에게 차에 대한 안내를 할 수 있다.			
	뜨거운 차와 차가운 차에 대한 적절한 안내를 할 수 있다.			
시술 응대	고객을 디자이너 선생님께 안내할 수 있다.			
	고객에게 수건과 염색보를 씌워줄 수 있다.			
	음료나 책을 제공할 수 있다.			
고객 마무리	서비스를 마친 고객에게 정산을 도와줄 수 있다.			
	염색 고객의 응대 동선을 파악할 수 있다.			

Lesson 5 마무리 고객관리하기

1) 고객 만족도 조사하기

고객 만족이란 고객과 눈높이를 맞추는 것이다. 고객이 무엇을 원하고 있으며, 무엇이 불만인지 알아내고 고객의 기대에 부응하는 우수한 제품과 서비스로 고객이 같은 제품, 같은회사, 같은 장소에서 구입하도록 상황을 창출해 나가는 것이다.

(1) 고객 만족의 중요성

① 한 기업이 제공하는 상품 및 서비스에 만족한 고객은 다시 그 기업의 상품을 구입하게 되고 고정고객이 된다.

② 마케팅 비용의 효율성을 제고해 준다. 만족한 고객은 주변사람들에게 구매를 유도하는 구전효과가 있다.

③ 고객이 만족하면 가격우위효과를 가질 수 있다. 고객 만족도가 높은 기업은 경쟁사에 비해 높은 가격 수준을 책정할 수 있으므로 가격우위효과를 통해 장기적인 관점에서 높은 이윤을 창출할 수 있다.

④ 판매비용을 절감할 수 있다. 만족한 고객에게는 처음 구매비용보다 조금 더 저렴한 비용으로 재구매를 유도할 수 있다.

고객 만족 체크 포인트

고객 만족도 체크 리스트		0	x
1	오늘 받으신 서비스는 만족하셨습니까?		
2	시술가격은 만족하셨습니까?		
3	불편한 부분이 있으셨나요?		
4	음료 서비스는 적절했나요?		
5	직원들의 응대 서비스는 만족하셨나요?		

2) 홈 케어 설명하기

- 고객들의 시술별 상황에 맞는 홈 케어에 대한 설명을 해 주어야 한다.
- 샴푸 후 타올 드라이로 젖은 모발을 충분히 말려준다.
- 모발 손상을 막기 위해 에센스 사용을 권장한다.
- 드라이기나 컬링기에 대한 과도한 열 사용은 모발 손상을 일으킬 수 있으니 주의사항에 대해 설명해 드린다.
- 헤어 스타일링 제품에 대한 적정한 사용법을 설명해 드린다.

3) 재방문 시기 안내하기

재방문 의도에 가장 많은 영향을 미치는 요인은 고객의 만족과 불만족이다. 이러한 요인은 고객이 지각한 서비스 품질에 의해 영향을 받으며 재방문과 직접적인 인과관계가 있다. 서비스에 대한 고객의 평가가 좋으면 고객의 재방문 의사는 커질 것이고 평가가 나쁘면 작아질 것이다.

	구분 내용	응대 멘트
커트 시술 후	남성고객	고객스타일에 맞게 2~4주 후 예약을 잡도록 안내한다.
	여성고객	여성의 경우 3~4주 후 내방을 권유한다.
	비고	
염색 시술 후	남성고객	새치 염색일 경우 1개월 후 재방문을 권유한다.
	여성고객	멋내기 염색 시 2~3개월 후 재방문을 권유한다.
	비고	
퍼머 시술 후	남성고객	20일 전후로 모발을 정리할 수 있도록 재방문을 권유한다.
	여성고객	20일 전후로 모발을 정리할 수 있도록 재방문을 권유한다.
	비고	

Chapter 2

	구분 내용	응대 멘트
커트 시술 후	남성고객	
	여성고객	
	비고	
염색 시술 후	남성고객	
	여성고객	
	비고	
퍼머 시술 후	남성고객	
	여성고객	
	비고	

4) 제품 추천 구매 돕기

고객에게 부담감을 주고자 하는 마음이 아닌 고객에게 꼭 필요한 제품을 추천하는 마음으로 접근해야 한다.

제품	설명
샴푸	• 모발과 두피에 있는 노폐물과 먼지를 세정하는 데 사용한다. • 고객들의 모발 상태에 따라 제품을 권유한다.
컨디셔너	• 샴푸 후 모발에 매끄러움을 주고, 정전기를 방지해 준다. • pH 농도를 맞추기 위해 사용한다.
에센스	• 스타일링 시술 전 열로부터 모발을 보호하기 위해 사용된다. • 시술 후 모발에 윤기를 주고 정전기 방지를 위해 마무리용으로 사용된다.
스프레이	• 모발 형태의 순간적인 고정이 가능하다. • 헤어스타일링 맨 마지막에 사용한다.
왁스	• 왁스는 주로 짧은 모발의 포인트 고정을 위해 사용된다. • 굳지 않아 변형이 가능하다.
젤	• 젤은 단단한 모발의 고정을 원할 때 사용된다. • 촉촉한 느낌으로 모발을 고정할 수 있다.
포마드	• 포마드는 젤보다는 유분기를 함유하고 있어 고정력이 많이 떨어진다. • 남성 헤어 스타일링에 많이 사용된다.

Chapter 2

제품	설명
샴푸	
컨디셔너	
에센스	
스프레이	
왁스	
젤	
포마드	

Lesson 6

정산 고객 응대하기

1) 현금 지불

① 현금 영수증

② 현금 받은 후 잔돈 지급 방법 (계산서와 함께 잔돈확인하기)

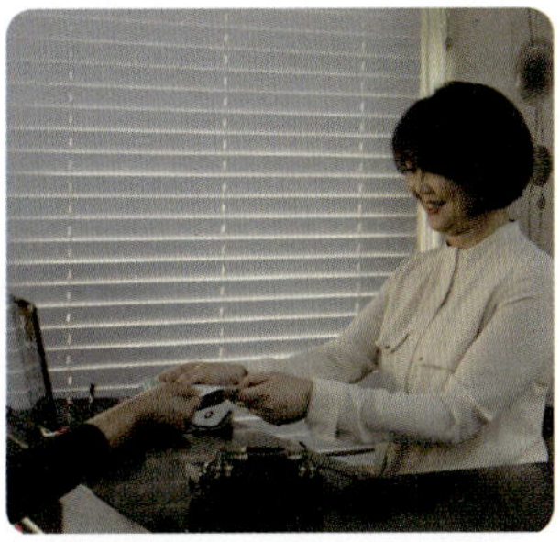

상담자	고객
예 고객님, 현금 20,000원 받았습니다. 현금영수증 해드리겠습니다. 번호 말씀해 주시겠습니까?	네, 감사합니다. 010-0000-0000입니다.

2) 카드 지불

① 고객으로부터 받은 카드 확인하기

② 카드 결제 후 서명 확인하기

③ 영수증과 카드 동시에 반납하기

상담자	고객
예 고객님 ○○카드받았습니다. 100,000원 결제 도와드리겠습니다. 일시불이신가요?	아니요. 5개월 할부로 해 주세요.

3) 포인트 적립

(1) 포인트 적립 시 활용방법 설명하기

고객	상담자
포인트 혜택에 대해 알고 싶어요.	예 고객님 저희 샵에서는 포인트를 적립해 드립니다. 적립카드를 만들어 드릴까요?

Chapter 2

4) 선불카드 및 제휴카드 사용하기

① 선불카드 설명 및 만들기: 선불카드를 활용할 경우의 혜택과 몇 %의 할인이 되는지 자세하게 설명한 후 고객의 의견에 맞춰서 카드를 작성하고 발부한다.

② 제휴카드의 할인행사 안내: 제휴카드의 경우 할인행사 기간에는 고객이 이용할 수 있도록 자세하게 안내문을 비치하여 둔다.

고객	상담자

Lesson 7 배웅하기

1) 인사하기

① 신규 고객일 경우

- 담당 디자이너의 명함주기(홈 케어나 불만사항이 접수되었을 경우에 대비)

② 재방문 일정 확인하기(문자발송 인지시키기)

③ 고객과 마지막까지 눈을 마주치며 밝은 미소로 인사하기

- 일손을 잠시 멈추고 고객을 배웅해야 한다. 고객은 마지막의 인사말과 표정을 기억한다.

시술자 응대 멘트	
신규 고객	
재방문 고객	

2) 엘리베이터 안내하기

① 층수를 눌러준 후 배웅

② 눈을 마주치며 인사

시술자 응대 멘트

3) 주차 확인해 주기

① 주차한 장소 확인 후 주차증 확인 처리

시술자 응대 멘트

Chapter 2

마무리 고객관리 셀프체크리스트

학습내용	평가내용	자기평가		
		미흡	보통	우수
고객 만족	고객 만족의 중요성을 알고 있다.			
	고객에게 만족 체크리스트를 받을 수 있다.			
홈 케어 안내	고객에게 홈케어 방법 및 제품에 대해 안내할 수 있다.			
재방문 안내	고객에게 재방문 안내를 할 수 있다.			
정산 안내	현금 지불 고객을 응대할 수 있다.			
	카드지불 고객을 응대할 수 있다.			
	제휴카드 또는 포인트 적립에 대하여 안내할 수 있다.			
배웅하기	신규 고객 및 재방문 고객에게 재방문을 안내할 수 있다.			
	주차 안내를 할 수 있다.			
	엘리베이터까지 안내 후 인사할 수 있다.			

Chapter

3

서비스 사후 관리

서비스 사후 관리의 중요성

고객 불만이란 고객이 유·무형적 상품을 구매하는 과정에서나 구매한 상품의 품질불량, 서비스에 대한 불만을 말한다. 고객 불만에는 클레임과 컴플레인으로 나누어 볼 수 있다. '클레임(Claim)'은 상품거래 과정에서 수량이나 품질에 대한 위반 사항이 있을 때 제기되는 객관적인 불만을 말한다. 예를 들어, 고객이 미용서비스를 받기 위해 전화로 예약을 했는데 예약이 되어 있지 않은 경우이다. '컴플레인(Complain)'은 상대방의 잘못된 행위로 인해 불만을 갖게 되는 주관적인 불만을 말한다. 예를 들어, 서비스 제공자의 태도나 언어적 표현 등에 대한 개인의 주관적인 불만을 말한다.

서비스산업이 발달할수록 산업계의 두드러진 특징 중의 하나는 고객 불만의 목소리가 더욱 적극적이라는 것이다. 이러한 고객의 불편의 목소리는 서비스를 제공하는 입장에서는 힘들고 어려운 일이지만, 반면에 매우 환영해야 할 중요한 정보이다. 대부분의 고객은 불만이 있을 때 표현하지 않고 그 제품을 사용하지 않거나 서비스 자체를 포기한다. 심지어 외부에 나가 더 확대된 불만을 터뜨리기 십상이다. 이를 예방하기 위해 불만을 표현하는 고객의 소리를 잘 들어주고 개선해 준다면 충분히 단골고객이 될 수 있다.

고객 불만의 중요성

1. 문제점 파악 및 예방

한 조사 결과에 의하면, 한 명의 고객의 불만표현은 같은 문제를 경험한 20명 중의 하나라고 한다. 따라서 고객 불만으로 서비스 이용자의 미충족 욕구와 문제점을 파악할 수 있다. 이를 통해서 새로운 서비스 아이디어로 활용할 수 있다.

2. 부정적 입소문의 방지

고객의 불만을 만족스럽게 해결하면 부정적인 입소문의 확산을 방지할 수 있다. 한 조사에 의하면 불만은 감추는 고객 26명 중 4명은 20명 이상에게 부정적인 이야기를 전달한다고 한다.

3. 고객이탈 방지

고객의 불만사항을 만족스럽게 해결해 주면, 고객은 해결해 준 서비스 제공자에게 신뢰과 만족을 갖게 되고, 이를 계기로 지속적으로 서비스를 제공받고자 한다.

Lesson 1

불만 고객 응대하기

1) 응대 방법 및 멘트

(1) 불만족 사항 및 사유 파악하기

① 고객 응대 과정에서 불만

가. 불만원인

- 무성의, 무관심, 상품정보 부족, 상품구매 강요, 비위생적 환경, 태도불량

나. 응대 멘트

- 고객의 불쾌한 감정까지 보상해 주겠다는 태도를 보인다.
- 잘못을 가리기 전에 고객에게 먼저 사과한다.
- 고객 불만을 경청하고, 고객의 정서적 감정을 공유, 공감한다.

② 약속 불이행에 따른 불만

가. 불만원인

- 예약시간 지연, 약속한 시술 시간 지연

나. 응대 멘트

- 고객에게 먼저 정중히 사과한다.

- 사전 통보 여부 및 진행 경과 등을 정확히 파악한다.
- 고객의 요구사항(환불, 신속처리, 지연보상 등)을 정확히 파악한다.
- 당사 규정을 확인하고 신속히 대처한다.

③ 서비스 및 가격에 대한 불만

가. 불만원인

- 시술 결과 불만, 안내 가격과 실제 가격의 차이, 관리 후 부작용, 제품 품질 불만

나. 응대 멘트

- 사실 확인에 앞서 먼저 고객에게 사과한다.
- 안내 가격과 실제 가격에 차이가 있을 경우 신속히 사과하고 보상한다.
- 훈련된 디자이너나 관리사를 배치하여 고객의 요구를 충족시킬 수 있도록 한다.

④ 교환 및 환불에 대한 불만

가. 불만원인

- 기대 이하의 시술 결과, 유통기한이 경과된 제품, 시술 후 부작용, 트러블에 대한 불만 등이다.

나. 응대 멘트

- 교환, 환불 접수 시 고객 불만족 사항을 경청하고 공감한다.
- 당사에 귀책사유가 있을 경우 신속히 사과한 후 교환, 환불 처리를 한다.
- 보상 판단 기준은 당사 규정에 의거한다.

⑤ 안전사고에 따른 불만

가. 불만원인

- 매장 관리 소홀로 인한 도난, 고객 부주의로 인한 소지품 분실에 대한 불만 등이다.
- 고객 부주의 또는 제3자의 의한 차량 사고 등이다.
- 매장 이용시설 및 설치물에 의한 사고 등이다.

나. 응대 멘트

- 사고 발생 즉시 담당자에게 보고한다.
- 고객의 안전을 확인하고, 고객을 안정시킨다.
- 사고 경위를 파악해 적극적으로 해결의지를 표명한다.
- 고객 부주의에 의한 경우 고객 부담을 원칙으로 한다.

Chapter 3

2) 불만 고객을 대응하는 여섯 가지 행동원칙

(1) 경청하기

불만 고객의 문제해결을 위한 경청은 "고객이 어떤 불만이 가지고 있는가"를 정확히 알고자 함이다. 따라서 옳고 그름을 가리는 시비로 생각하고 고객의 말을 끊지 말고 끝까지 경청해야 한다. 경청하고 탐색하며 이해하지 못한 부분은 고객의 말이 끝난 후 질문하고 메모하는 습관을 가지고 있어야 한다. 이러한 방법은 고객의 불만 내용을 정확하게 재확인할 수 있다.

(2) 이해하고 공감하기

이전 단계에서 고객의 불만사항을 사실적으로 알았다면, 이 단계에서는 불만을 가지고 있는 고객의 마음을 이해하고 공감하는 단계이다. "고객님께서 ○○부분 때문에 많이 속상하셨군요" 등과 같은 언어적 표현을 통해 고객의 입장과 감정을 이해하는 것이다. 이는 고객의 불만을 사항에 대해 마음을 다해 적극적으로 문제해결을 위해 노력하겠다는 표현이 될 수 있다.

(3) 사과하기

고객의 불만사항이 무엇인지 알고, 마음을 이해했다면 죄송한 마음을 표현하는 것이 바람직하다. 진심으로 사과하되 잘못한 부분을 정확히 밝히고 사과를 해야 하며 무조건적인 사과의 반복은 오히려 고객에게 형식적이고 무성의한 느낌을 줄 수 있다.

(4) 해결방법을 모색하기

정확하면서도 해 줄 수 있는 대안을 구체적으로 제시하며 고객의 선택을 기다린다. 만일 사안이 도저히 돌이킬 수 없는 경우라면 최대한 고객에게 솔직히 말씀드린 후 다른 보안책이나 보상을 한다. 이런 방법은 같은 문제를 되풀이해서 이야기하고 서로를 비난하는 대신에 고객과 서비스 제공자가 함께 문제해결에 집중할 수 있게 해 준다.

(5) 실행하기

고객과 함께 협의하고 동의한 문제해결을 위한 방법을 바로 실행해야만 한다. 이는 고객이 서비스 제공자로부터 고객에게 최선을 다해 문제해결하고자 함을 보여주며, 이로 인해 서비스 제공자와 기업에게 신뢰감을 심어줄 수 있기 때문이다.

(6) 감사하기

고객의 불만사항에 대해 표현해 주심에 대해서 감사함을 드러낸다. 이는 고객의 불만사항을 표현해 줌으로써 서비스 제공자가 지나칠 수 있는 문제를 확인하고, 이를 통해 문제를 미리 예방하거나 최소화할 수 있기 때문이다.

3) 불만 고객 사후 관리

(1) 결과안내 및 만족도 확인

클레임 응대 프로세스와 결과는 데이터로 남겨 두도록 한다. 응대 사례와 관련 데이터가 있으면 모든 직원이 함께 사례를 통해서 배울 수 있다. 대응지침, 판단기준으로 매장이나 기업의 방침을 알게 되고 클레임 대응력을 향상시키는 결과를 가져온다.

클레임 해결 이후 고객에게 전화나 메일 또는 친필 편지를 통해 고객의 사후 만족도를 확인한다.

불만상황에서의 소비자 유형

소극형

불만상황에 대해 이야기하지 않고 침묵하는 유형이다. 이러한 유형은 서비스 제공자에게 자신의 불만상황을 적극적으로 표현하지 않지만 부정적인 입소문을 낼 수 있는 가능성이 높다.

표현형

자신의 불만사항을 필요에 따라 보상요구를 하는 유형이다. 이러한 유형은 고객의 권리를 중요하게 생각하는 유형으로서 자신이 지불한 만큼의 대우를 받고자 한다.

분노형

자신의 불만상황에 대해 서비스 제공자에게 화를 내는 유형이다. 이러한 유형은 자신의 불만 이상의 언어적 · 신체적 폭력을 가하기에 서비스 제공자에게 많은 좌절감을 가져다준다. 종종 불량고객으로 분류되기도 한다.

적극형

자신의 불만만을 이슈화하는 유형이다. 이러한 유형은 언론이나 관련단체에 제보하거나 더 나아가 불매운동이나 법적 행동을 하는 힘을 가지고 있다. 이러한 유형은 매우 조심스러운 접근과 관리가 필요하다.

이화인(2014). 서비스 고객의 심리와 행동. 기문사. p.455 수정발췌

참고사항

사례 1. 미용시술 요금에 따른 불만사항

다양한 서비스 및 추가 요금시술에 대한 요금을 제대로 고객에게 명시하지 않아 시술 후 과도한 추가요금에 따른 불만이 많이 발생하고 있다.

고객과 상담을 할 때 추가되는 요금에 대해 자세하게 설명할 필요가 있다.

사례 2. 염색시술 시 염색약에 대한 부작용 증상에 대한 불만사례

염색약에 따라 발생할 수 있는 색소성 접촉피부염 등과 같은 부작용에 대해 고객에게 설명을 하고 사전 테스트를 거친 후 염색시술을 할 수 있도록 해야 한다.

사례 3. 담당직원이 자주 교체되어 불편함을 호소하는 경우

특성상 높은 이직율을 보이고 있는 미용실의 직원들 때문에 고객이 본인의 스타일, 모발의 특성 등을 다시 설명해야 하는 번거로움이 있다.

고객 체크리스트에 좀 더 자세한 고객에 대한 설명을 적시해야 한다.

사례 4. 모발손상에 따른 불만 사례

모발보호를 위해 비싼 클리닉을 추가 요금으로 지불하고 시술했음에도 불구하고 기대했던 것보다 손상도가 심해 고객의 불만이 초래될 수 있으니 시술 전 결과에 대한 추가 설명이 꼭 필요하다.

사례 5. 대기시간을 이야기해 주지 않고 20분 이상 기다릴 때 불만을 토로한다.

대기시간이 20분 이상일 때는 사전양해를 구해야 한다.

사례 6. 무언가 필요하여 불렀는데 직원 모두 바빠서 미처 응대하지 못했을 때 불만을 갖는다.

아무리 바빠도 직원 누군가는 고객님 잠시만 기다려 주시면 바로 응대해 드리겠다고 고객의사에 답을 준다.

Chapter 3

사례 7. 헤어스타일 시술 완성 후 고객은 말없이 제스처로 불만을 표시할 때도 있다.

네이프쪽 머리를 자꾸 아래로 잡아당기면 짧다는 의미이므로 더 펴준다든지 의사를 여쭤본다. 또한 탑부분의 머리를 자꾸 잡아 올리면 볼륨이 부족하다는 무언의 불만 표시이므로 의견을 물어보고 볼륨을 더 살려 주어야 한다.

사례 8.

퍼머시술 시 컬의 굵기를 고객과 잘 소통하여 조율하지 않으면 전혀 다른 느낌이라고 불만을 제시할 수 있으므로 원하는 웨이브 사진을 2~3개 제시해 주거나 찾아 본 사진이 있는지 여쭤보고 충분한 상담 후 시술한다.

사례 9.

염색시술 시 밝게 해 주세요 했을 때 고객과 디자이너의 눈높이가 달라서 불만이 생길 수 있다.

염색차트를 활용하여 기대수준을 낮춰주어야 하며, 탈색 수준의 밝기임을 정한 다음 시술에 임해야 한다.

사례 10.

헤어 커트 시 고객과의 의사소통은 정확하게 접근해야 한다. 예로 알아서 단발로 해 주세요 했을 때 귀 밑 머리에 가가운 커트를 해 주면 "얼굴이 커 보인다.", "너무 짧다." 등으로 불만을 제시할 수 있으니 턱선 정도는 어떠세요라고 구체적으로 알려주면서 손으로 길이를 정확히 알려 표시해 준다.

사례내용

한 고객이 오후 7시에 와서 예약한 OOO이라고 한다. 그러나 예약 기록에는 오늘 7시뿐만 아니라 다른 날에도 예약이 없었다. 이 사실을 고객에게 말씀드렸더니 굉장하게 화를 냈다. 이전에도 이러한 일이 있었다면서 어제 분명하게 오후 2시쯤에 전화로 예약했다고 했다. 그러면서 고객은 점점 더 화를 표현했으며 당장 조치를 취해달라고 요구했다.

대처방법

행동원칙	내용
경청하기	
이해하고 공감하기	
사과하기	
해결방법 모색하기	
실행하기	
감사하기	

Chapter 3

Worksheet 고객 불만 처리결과 보고서

<table>
<tr><td>접수일자</td><td></td><td rowspan="3">불만
제공자</td><td>이름 :</td></tr>
<tr><td>접수자</td><td></td><td rowspan="2">Tel :</td></tr>
<tr><td>접수방법</td><td></td></tr>
<tr><td>불만내용</td><td colspan="3"></td></tr>
<tr><td>처리계획</td><td colspan="3"></td></tr>
<tr><td>처리결과</td><td colspan="3"></td></tr>
<tr><td>조치 후
상황</td><td colspan="3"></td></tr>
<tr><td>비고</td><td colspan="3"></td></tr>
</table>

Lesson 2 뷰티 서비스 기관 현장체험

1) 미용실 방문 후 보고서 작성하기

이름 :

방문 일시 :

방문처 정보

- 상호 :
- 연락처 :
- 위치 :

체험 내용

체험 후 느낀점

2) 피부관리실 방문 후 보고서 작성하기

이름 :

방문 일시 :

방문처 정보

- 상호 :
- 연락처 :
- 위치 :

체험 내용

체험 후 느낀점

3) 메이크업 체험 보고서 작성하기

이름 :

방문 일시 :

방문처 정보

- 상호 :
- 연락처 :
- 위치 :

체험 내용

체험 후 느낀점

Chapter 3

4) 네일 체험 보고서 작성하기

이름 :

방문 일시 :

방문처 정보

- 상호 :
- 연락처 :
- 위치 :

체험 내용

체험 후 느낀점

5) 바버샵 방문 후 보고서 작성하기

이름 :

방문 일시 :

방문처 정보

- 상호 :
- 연락처 :
- 위치 :

체험 내용

체험 후 느낀점

Lesson 3 고객관리하기

1) 고객 데이터베이스 관리하기[1)]

고객 데이터베이스의 관리를 위해 다음 사항을 참고해야 한다.

개인정보 보호법 시행령[2)]

[시행 2019. 1. 1.] [대통령령 제29421호, 2018. 12. 24. 타법개정]

▣ 개인정보의 안전성 확보 조치

1. 개인정보의 안전한 처리를 위한 내부 관리계획의 수립·시행
2. 개인정보에 대한 접근 통제 및 접근 권한의 제한 조치
3. 개인정보를 안전하게 저장·전송할 수 있는 암호화 기술의 적용 또는 이에 상응하는 조치
4. 개인정보 침해사고 발생에 대응하기 위한 접속기록의 보관 및 위조·변조 방지를 위

1) 법제처 국가법령정보센터 http://www.law.go.kr/LSW/LsiJoLinkP.do?docType=JO&lsNm=%EA%B0%9C%EC%9D%B8%EC%A0%95%EB%B3%B4+%EB%B3%B4%ED%98%B8%EB%B2%95&joNo=001500000&languageType=KO&paras=1#

2) 법제처 국가법령정보센터 법령 http://www.law.go.kr/LSW/LsiJoLinkP.do?docType=JO&lsNm=%EA%B0%9C%EC%9D%B8%EC%A0%95%EB%B3%B4+%EB%B3%B4%ED%98%B8%EB%B2%95+%EC%8B%9C%ED%96%89%EB%A0%B9&joNo=004100000&languageType=KO&paras=1#J30:0

한 조치

5. 개인정보에 대한 보안프로그램의 설치 및 갱신
6. 개인정보의 안전한 보관을 위한 보관시설의 마련 또는 잠금장치의 설치 등 물리적 조치

▣ 개인정보 처리방침의 내용 및 공개방법 등

1. 처리하는 개인정보의 항목
2. 개인정보의 파기에 관한 사항

* 개인정보처리자의 사업장 등의 보기 쉬운 장소에 게시하는 방법

▣ 개인정보 보호책임자의 업무 및 지정요건 등

1. 개인정보 처리방침의 수립·변경 및 시행
2. 개인정보 보호 관련 자료의 관리
3. 처리 목적이 달성되거나 보유기간이 지난 개인정보의 파기

2) 고객정보 활용 동의서 받기

고객정보를 활용하기 위해서는 개인정보 보호법에 의거하여 동의서를 받아야 한다.

개인정보 보호법은 개인정보의 처리 및 보호에 관한 사항을 정함으로써 개인의 자유와 권리를 보호하고, 나아가 개인의 존엄과 가치를 구현함을 목적으로 한다. 개인정보 보호법[시행 2017. 10. 19.] [법률 제14839호, 2017. 7. 26, 타법개정]

이에 고객정보 활용 동의서를 받고자 할 때는 다음 사항을 참조하여 작성한다.

▣ 개인정보의 제공 및 동의

1. 개인정보를 제공받는 자
2. 개인정보를 제공받는 자의 개인정보 이용 목적
3. 제공하는 개인정보의 항목
4. 개인정보를 제공받는 자의 개인정보 보유 및 이용 기간
5. 동의를 거부할 권리가 있다는 사실 및 동의 거부에 따른 불이익이 있는 경우에는 그 불이익의 내용
6. 개인정보의 파기: 개인정보처리자는 보유기간의 경과, 개인정보의 처리 목적 달성 등 그 개인정보가 불필요하게 되었을 때에는 지체 없이 그 개인정보를 파기하여야 한다. 다만, 다른 법령에 따라 보존하여야 하는 경우에는 그러하지 아니하다.

Chapter 3

(동의를 받는 방법)

① 개인정보처리자는 이 법에 따른 개인정보의 처리에 대하여 정보주체(제6항에 따른 법정대리인을 포함한다. 이하 이 조에서 같다)의 동의를 받을 때에는 각각의 동의 사항을 구분하여 정보주체가 이를 명확하게 인지할 수 있도록 알리고 각각 동의를 받아야 한다. 〈개정 2017. 4. 18.〉

② 개인정보처리자는 제1항의 동의를 서면(「전자문서 및 전자거래 기본법」 제2조제1호에 따른 전자문서를 포함한다)으로 받을 때에는 개인정보의 수집·이용 목적, 수집·이용하려는 개인정보의 항목 등 대통령령으로 정하는 중요한 내용을 행정안전부령으로 정하는 방법에 따라 명확히 표시하여 알아보기 쉽게 하여야 한다. 〈신설 2017. 4. 18., 2017. 7. 26.〉

▣ 개인정보의 처리 제한

- 민감정보의 처리 제한
- 고유식별정보의 처리 제한
- 주민등록번호 처리의 제한

– 영상정보처리기기의 설치·운영 제한

등이 법령으로 시행되므로 구체적인 내용을 필요에 따라 작성하여 동의를 각각 받아야 한다.

3) 시술요금 사전고지 확인서 받기

미용서비스 최종지불가격 사전제공 의무화(2017.11. 16. 시행일)

3가지 이상 서비스 제공 시 이용자에게 개별 서비스의 최종지불가격 및 전체 서비스의 총액 내역서를 미리 제공하며, 내역서 사본을 1개월간 보관한다.

Chapter 3

▣ 총액 내역서 미제공 시 행정처분기준 신설

1차 경고 → 2차 영업정지 5일 → 3차 영업정지 10일 → 4차 영업정지 1월

▣ 3가지 이상 항목 판단기준

헤어미용: 통상적인 미용서비스 항목의 기본요금 외에 추가한 행위나 제품은 별도의 항목으로 봄

예시)

상세주문내역서

■ 업소명:

고객명	0 0 0		
담당자	0 0 0		
서비스내용	기본요금	추가요금	비고
매직세팅펌	100,000 ①	20,000 ④	기장추가
		20,000 ⑤	A사펌제
염색	50,000 ②	10,000 ⑥	기장추가
		10,000 ⑦	B사 염모제
모발크리닉	40,000 ③		
총 합계	250,000원		
할인내역	20,000원(평일 오전 할인)		
지불내역	230,000원 카드 ㅁ 현금 ㅁ		

Chapter 3

4) SMS, DM, 온라인 등을 활용한 정보 제공하기

Chapter 3

서비스 사후 관리 셀프체크리스트

학습내용	평가내용	자기평가		
		미흡	보통	우수
불만 고객 응대 하기	고객 응대 과정에서 고객의 요구사항을 파악할 수 있다.			
	사실 확인에 앞서 고객에게 사과할 수 있다.			
	불만 고객의 여섯 가지 행동원칙을 준수할 수 있다.			
뷰티 서비스 기관 현장체험	미용 산업체 방문 기획을 스스로 할 수 있다.			
	미용 산업체 종사자들에게 본인을 소개할 수 있다.			
고객관리하기	예약 상황을 파악할 수 있다.			
	예약 카드를 작성할 수 있다.			

참고문헌

- 김세정, 이유미, 장순남(2016). 서비스인을 위한 고객관계관리(개정판). 구민사.
- 노정은, 최영희(2012). 감정서비스를 기반으로 한 뷰티산업의 서비스 매뉴얼. 한국뷰티경영학회지 1권 1회.
- 박연희, 심윤정, 임성은, 박희정(2017). CS관리실무. 양성원.
- 박혜정(2010). 고객서비스 실무. 백산출판사.
- 성호영(2016). 미용실전서비스. 훈민사.
- 송영우, 정미영(2009). 미용경영을 위한 서비스 마케팅. 청람.
- 심윤정, 고샛별, 최욱희, 이수명(2017). 서비스 마인드와 글로벌 매너. 양성원.
- 이상욱, 임은진, 정미영, 최우석(2007). 미용경영. 청람.
- 이화인(2014). 서비스 고객의 심리와 행동. 기문사.
- 최인희, 김구옥, 박희정, 이수정, 진서현(2018). Real 이미지 캐스팅. 양성원.
- Parasuraman, A., L. L. Berry, & V. A Zeithaml.(1991), "Refinement and Reassessment of the SERVQUAL Scale," Journal of Retailing, 67 (4), pp. 420–450.
- Parasuraman, A., V. A Zeithaml & L. L. Berry.(1988), "SERVQUAL: A Multi-Item Scale for Measuring Consumer Perceptions for Service Quality," Journal of Retailing, 64 (1), pp. 12–40.
- https://brunch.co.kr/@flyingcity/57
- http://eduforus.org/board_ghAy19/1045

저/자/소/개

■ **김효림**

숙명여자대학교 대학원 미용예술학 석사
현) 정화예술대학교 미용예술학부 미용전공 전임교수

■ **유현아**

남부대학교 일반대학원 향장미용학 박사
현) 정화예술대학교 미용예술학부 겸임교수
우리머리 연구소 대표
현아미용실 대표
미용기능장

■ **이형숙**

서경대학교 대학원 미용예술학 박사
현) 정화예술대학교 미용예술학부 겸임교수
서울미용예술실용전문학교 겸임교수
미용장 국가자격증 심사위원

■ **임선희**

서경대학교 대학원 미용예술학 박사
현) 정화예술대학교 미용예술학부 겸임교수
대한민국산업현장 교수
에이큐미용타운 대표

■ **황혜원**

숙명여자대학교 대학원 교육학 박사
현) 정화예술대학교 교양과정부 조교수